观叶植物
[日] 尾崎章　主编
多肉植物
[日] 长田研　主编
　　苏沛沛　译

观叶多肉好好玩

人气绿植新手养护指南

选一选 · 养一养

华中科技大学出版社
http://www.hustp.com
中国·武汉

目 录
Contents

15~138

观叶植物

人气观叶植物指南

139~219

多肉植物

人气多肉植物指南

植物种植

园艺用语须知

培育植物之前，事先了解一下基本的园艺用语吧。下面介绍本书中出现的一些词汇。

节
茎上着生叶的位置。

节间
节与节之间的部分。

下叶
长在植株根部附近或者枝、茎根部的叶片。如果是在剪下的枝或茎中，则是指长在下方的叶片。

地际
靠近土壤的部分。与株元、根元的意思大致相同。

根土结团
把种在盆里的植物从盆中拔出之后，其根系与土壤板结成一团的部分。

花

叶
进行光合作用和呼吸的器官。

茎
支撑花和叶的部分。木质化之后被称作"干"，从"干"分支出的部分叫作"枝"。

根
吸收养分和水分并进行呼吸的器官。通常在土壤中生长，但有些植物的根会延伸到空气中。

块茎
地下茎的一部分因贮存养分等而膨大形成的块状的茎，日语中也称为"芋"。

块根
贮存养分而膨大形成的根。

地下茎
生长在土壤中的茎。

地下茎

气根
在地面以上从茎部生出的根。如果是健康的植物，可以把其气根切除。

植物的姿态

直立生长型

具有像树一样向上直立生长的性质。

下垂性

具有枝和茎均下垂生长的性质。

蔓生性

蔓是植物的茎，它会伸长，但不能独立。蔓生性则是指植物的茎具有蔓的性质。

莲座

节间较短的叶片层叠生长，并以放射状扩展的一种植物姿态。词源为玫瑰。从上方看时，叶片的生长形态如同玫瑰花瓣。

苞叶

生长于紧靠花芽下方的像小叶片一样的部分。每种植物的苞叶数量不同。在观叶植物中，也有像图片中的红星凤梨一样的植物，它的苞片较大，色彩像花瓣一样鲜艳。苞片也被称作"苞"。

舌状

像舌头一样的呈现形状。多肉植物中的卧牛(▶P180)就具有舌状的叶片。

匍匐茎

匍匐茎从母株生长而来，较为细长。顶端的子株具有根系，从匍匐茎上剪取子株即可进行分株繁殖。

斑纹

叶片或花瓣上长出的不同于原本颜色的花纹。

生长过程的相关用语

生长期

植株生长最旺盛的时期。

休眠期

植株生长休止的时期。休眠期应停止施肥，减少浇水，保持稍微干燥的状态，这是基本的养护。

发根

植物长出根。

徒长

茎或枝节间生长导致植株比通常情况要长的现象。徒长的原因为日照不足或者氮肥过度施用。徒长的植株抵抗病害的能力会减弱。

发芽

植物长出芽。

根系堵塞

根和土结成的块中布满根系，新根处于没有生长空间的状态。此时，根系无法吸收水分和养分，这是导致植株枯萎的原因。

蒸腾

植物体内的水分以水蒸气的形式散发出来。蒸腾作用大多通过叶片进行。

丛生

同种类的植物聚集于一处生长。

养在身边的绿植

与植物一同生活

观叶植物组盆。摆放在玄关，以明朗的绿色迎接来客。
（制作方法▶P26）

将蔓生性绿植摆在架子上较高的地方，待其长长之后，可以欣赏其垂落的姿态。
（制作方法▶P69）

绿植使空间充满趣味，使心情得以放松。许多人购入绿植作为室内装饰物。让我们在桌子或架子上、窗边、床侧等熟悉的空间摆放喜欢的绿植，享受与植物一同生活的乐趣吧。

在室内也容易养护的观叶植物

观叶植物为生长于热带、亚热带的植物，很多能够在较弱的光照下栽培，因此，它作为可在室内观赏的装饰性绿植颇具人气。从能够作为装饰主体的大型观叶，到能够以水培方式观赏的迷你观叶，选择不同的观叶植物，室内氛围也会迥然不同。

新手也容易养护的多肉植物

多肉和仙人掌类植物在肥厚的叶、茎、根等部位贮存水分，具有耐干燥的性质。小型多肉植物种类很多，养护相对不费时间，新手也容易进行养护管理，是较为受欢迎的绿植。可以将多肉植物组盆或者集中，进行同种类养护，观赏方式也是多种多样的。

多肉植物组盆。看起来如同莲座一样的叶片既可爱动人，又充满自然之趣。
（制作方法▶P154）

喜干燥的多肉植物与通风良好的悬挂式是绝配。
（制作方法▶P158）

巧选植物的方法

选择称心的植物的要点

选择植物时，根据摆放在何处、如何观赏来考虑种类和大小吧。而且要记住在实际购入时应注意的要点。

想要长久地观赏绿植，应考虑在什么场所、以什么方式来养护。选择植物时，应考虑到摆放场所、尺寸以及生活方式这三个要点。

要点①

摆放场所

摆放场所即养护环境。需要光照的植物若放置在光照较差的地方则会衰弱。相反，有的植物不耐强光。能够在盥洗室和浴室等湿气较重的场所摆放的植物也很有限。所以事先设想一下把植物摆放在哪儿再购入吧。

要点②

尺寸

大型植物很难摆放在狭窄的房间内，相反地，小型植物则难以在较大的空间中充分展现植物的魅力。而且，植物日渐生长，对于生长旺盛的植物的养护也会逐渐变得棘手。植物将来要养到多大，需预估一下大小再进行选择，这点尤为重要。

要点③

生活方式

有的人比较繁忙而不太能够做到频繁浇水，那么耐干燥的植物是比较容易进行管理的。植物新手可选择不耗费工夫也容易养护的种类，这是一个好方法。另外，若要享受与植物的共处，那么根据喜好进行选择也很重要。小巧玲珑的叶子、轮廓鲜明的姿态、宁静柔和的氛围等，每种植物令人倾心的地方会因人而异。

购买植物时要注意观察的地方

选植物时一定要选附带名字标签的。知道名字就会知道这种植物的特性，便会逐渐找到养好这种植物的思路。然后，确认植株整体的样态——茎和枝干是否有晃动，叶子的多少和色泽是否鲜艳，也不要忘记翻过叶子背面确认一下是否有病虫害的迹象。生有新芽、新叶是植株健康生长的证据。

有时人们将生长苗壮的植物购回之后摆放在家中，植物很快就开始落叶，或是叶子像枯萎了一样变色。这是因为原本顺应店里环境生长的植物突然被换到新环境无法适应。如果购入的植物状态良好，叶子的异常变化就会是暂时性的，会随着适应新环境逐渐恢复。

辨别健康植物的要点

要点1 植株整体长势良好。叶尖坚挺、健康。

要点2 盆和植株的大小协调。

要点3 叶片之间紧凑，节间没有长长，下方叶片没有掉落。

要点4 叶子色泽鲜艳，没有遭受病虫害。

要点5 长有新芽、新叶。

要点6 根系强健地伸展，没有损伤。

根据叶片的长势确认根系的状态吧！

图片中的两棵植株为同一种植物，但叶片的大小和长势不同。当我们把它们从盆中拔出观察根系的状态时，发现叶片较大的植株生出了许多干净的白色粗根（右），然而，叶片较小的植株的根系损伤，呈茶色，几乎没有生长（左）。若根系损伤衰弱，植株会整体生长不良，叶片也会逐渐失去活力。

关于植物的名字

有时看上去是同一种植物，它的名字却在店里、标签上、图鉴上等处各不相同。实际上，植物有学名、日文名称、英文名称、流派名、园艺名等各种各样的名字。本书有介绍植物的别名，方便读者根据其任意名称查找养护方法。

按空间摆放植物的建议

以普通公寓的房间布局为例，介绍一下符合日照条件的植物。若想了解能够在何处摆放何种植物，可将此作为选择植物时的参考。

1 起居室·餐厅
（向阳）

在光照好的房间内，窗边和房间里面的光线量也有所变化。建议分别选择适合的绿植，时不时地变换一下摆放场所。

◎龙舌兰属（▶P170）　◎雀舌兰属（▶P208）
◎芦荟属（▶P172）　　◎彩叶凤梨属（▶P90）
◎鸡髯豆属（▶P46）　　◎木槿属（▶P96）
◎伽蓝菜属（▶P182）　◎一品红（▶P120）
◎块根植物（▶P190）　◎南洋参属（▶P126）
◎虎尾兰属（▶P62）　　◎大戟属（▶P214）
◎鹤望兰属（▶P74）

笹之雪

虎尾兰

2 洋室
（向阳）

在光照好的房间内，若阳光射入的方向固定，需时不时旋转一下盆栽，改变光照射到的位置，防止植物生长姿态变得不均衡。

◎厚敦菊属（▶P178）　◎长生草属（▶P206）
◎沙鱼掌属（▶P180）　◎酒瓶兰属（▶P82）
◎青锁龙属（▶P184）　◎紫露草属（▶P88）
◎肉锥花属（▶P194）　◎剑龙角属（▶P212）
◎朱蕉属（▶P58）　　◎猪笼草属（▶P94）
◎雪铁芋属（▶P60）　　◎生石花属（▶P216）

花月

3 和室
（半背阴）

北侧的和室虽然也会进入光线，但上午往往比较阴暗。另外，人们在和室中坐着的情况较多，因此，避免选择悬吊盆或高大的植物也是一个要点。

◎莲花掌属（▶P168）　◎合果芋属（▶P72）
◎海芋属（▶P40）　　◎白鹤芋属（▶P76）
◎花烛属（▶P42）　　◎水塔花属（▶P102）
◎光萼荷属（▶P44）　◎喜林芋属（▶P108）
◎五彩芋属（▶P50）　◎草胡椒属（▶P118）
◎栉花竹芋属（▶P56）　◎球兰属（▶P124）
◎风车草属（▶P188）　◎棕榈科（▶P130）
◎白粉藤属（▶P66）

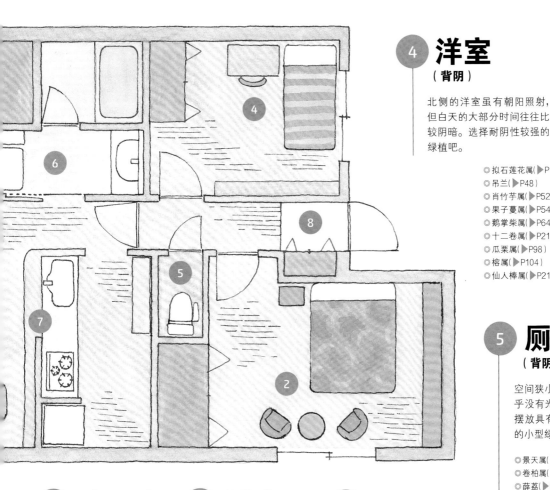

④ 洋室
（背阴）

北侧的洋室虽有朝阳照射，但白天的大部分时间往往比较阴暗。选择耐阴性较强的绿植吧。

◎ 拟石莲花属（▶P174）
◎ 吊兰（▶P48）
◎ 肖竹芋属（▶P52）
◎ 果子蔓属（▶P54）
◎ 鹅掌柴属（▶P64）
◎ 十二卷属（▶P210）
◎ 瓜栗属（▶P98）
◎ 榕属（▶P104）
◎ 仙人棒属（▶P218）

⑤ 厕所
（背阴）

空间狭小，平时也几乎没有光，所以适合摆放具有较强耐阴性的小型绿植。

◎ 景天属（▶P200）
◎ 卷柏属（▶P78）
◎ 薜荔（▶P107）
◎ 千叶兰属（▶P136）

玉缀

⑥ 洗面台·浴室（背阴）

这是温度差和湿度差较大的地方。选择耐阴性和耐寒性较强的绿植，冬季变换一下场所。需注意不要使肥皂或热水接触到绿植。

◎ 天门冬属（▶P36）
◎ 莎草属（▶P70）
◎ 铁兰属（▶P80）
◎ 肾蕨属（▶P92）
◎ 鹿角蕨属（▶P100）
◎ 常春藤属（▶P114）

⑦ 厨房
（半背阴）

如果抵触厨房中被带入土壤，可以使用水培、玻璃容器或者结块土壤的方法。还有一个要点是，选择不会生长得过于繁茂的小型绿植。

◎ 铁线蕨（▶P34）
◎ 仙人掌（▶P196）
◎ 葡萄树（（▶P68）
◎ 千里光属（▶P204）
◎ 秋海棠属（▶P112）
◎ 绿萝（▶P122）
◎ 金钱麻属（▶P116）

⑧ 玄关
（背阴）

玄关朝东，几乎一天都照射不到阳光，所以玄关也出乎意料地寒气较大。这里适合摆放耐阴性和耐寒性都很强的植物。另外，选择不会妨碍人行动的植物也是一个要点。

◎ 铁角蕨属（▶P38）
◎ 龙血树属（▶P84）
◎ 龟背竹属（▶P128）
◎ 丝兰属（▶P134）

龟背竹

培育植物所使用的工具

如果有专用的工具，照料植物会很方便。

不过，配合室内装饰和植物的风格来选择工具也别有一番乐趣。设计简洁的工具容易上手，

喷壶

小型植株较多时，尺寸较小的喷壶使用起来比较方便。在冲洗叶片驱除害虫时，如果有能够以花洒状喷水的莲蓬头则比较便利。

铲子·勺子

换盆或分株时使用。选择趁手的铲子或勺子。在栽种小型植株填土时，勺子较为便利。

手套

为了保护双手，最好备有手套。养护有刺的植物时需戴橡胶手套。

镊子

养护有刺的植物或者镊取插穗时使用。

名牌

一定要给植物挂上名牌，这在确认养护方法时较为便利。

盆

盆的材质和设计多种多样。太重的盆在移动时会比较吃力。

托盘

垫在盆下的托盘会接住土壤和水，所以在室内卫生问题会比较少。

盆底网

向盆里填土之前铺在盆底，防止虫子等从盆底孔钻入。

喷雾器

对叶片喷水时使用。塑料制的喷雾器轻便且实用。

剪刀·刀

用于修剪枝条或在分株时剪切根系，因此要选择锋利的刀剪。

覆盖材料

如果介意裸露的盆土，可使用覆盖材料遮住土壤的上方。松鳞、椰子纤维等具有自然朴素的风格，白石、白砂、化妆砂等能够提高清洁感。

核桃

椰子纤维

松鳞

化妆砂

白石

白砂

观叶植物

选一选！养一养！

观叶植物中，既有作为室内主要装饰物来观赏的大型绿植，也有摆放在桌子和架子上等能够近距离观赏的小型绿植。作为装点空间的物品，观叶植物有诸多使用方法。接下来介绍能够使室内装饰中不可或缺的观叶植物长寿的养护方法和组盆的方法等。

优质养护的基本管理法

养护植物所必需的要素有光、温度、水分以及养分。光和温度可通过植物摆放的场所进行管理。水分可通过浇水来调整。养分包含在土壤、肥料中。为了把植物养好，了解一下基本的管理方法吧。

摆放场所

观叶植物具有一定程度的耐阴性，很多品种在较弱的光照下也能够生存，但也并不是完全不需要光照。若想养得健康，还是放置在有光照的地方比较好。至少也要以白天没有灯光也能够看清报纸这种程度的光照为基准来选择放置场所。不得不放置于背阴处时，也要时不时将植物移动到明亮的地方。此外要考虑到，对于植物而言，"光"是指"太阳光"，室内的灯光无论多么明亮也无法替代阳光。

大致的摆放场所

明亮的遮阴处

非直射的阳光所照射的场所。若在室内，例如光透过蕾丝窗帘照射的地方；若在室外，例如明媚的阳光穿过树叶空隙所照射的地方，也称作半日照。

光照充足的场所

整日有光照的场所。室内的话，例如阳光透过窗户照射到的窗边等。室外则是阳光直射的地方。但即使是喜日照的植物，如果受到盛夏阳光的直射，也可能导致叶片被晒焦，因此要注意。

温暖的室内

气温10℃以上的室内。不过要避开暖气设备的风直吹的地方，因为干燥的暖风会损伤植物。

浇水

植物的生长需要水分，但如果浇水过多，盆内时常处于潮湿状态，则会导致根部生长不良，而无法吸收水分和养分。另外，若水积存在盆内，则盆内一直处于有水分的状态，会导致植物因缺氧而烂根。浇水要根据各种植物的特性进行，每天观察植物状态的同时给予所需的水量。

如何浇水

不耐干燥的植物

盆内土干燥之后大量浇水，也要给叶片喷水。

普通的植物

盆内土较干燥，抬起盆感觉较轻时，大量浇水。

耐干燥的植物

在盆土变干、表面泛白之后，过两三天再大量浇水。

基本的浇水方式

基本点 1　大量地浇水，直到水从盆底流出，并且必须倒掉接水托盘中的积水。

基本点 2　在较冷的时期减少浇水。但不是减少浇水的量，而是减少次数。待盆内土干了之后，过四五天再大量地浇水。

基本点 3　水不应只从特定的位置浇，而要从盆内土的整个表面浇。

越夏、越冬的注意事项

越夏

在直射光线下生长的植物类型本来需要搬到室外接受足够的光照，但是，如果把冬季长时间放置在室内的植物突然挪到室外，叶片会受损，所以需要一点点地移动使植物适应室外环境。盛夏时需把遮阴处生长的植物放置到室外或明亮的遮阴处。空调风会导致植物干燥，所以要放置在不被直吹的地方，并用喷雾器喷水以防止过于干燥。

越冬

冬季需要留心温度。有些种类的植物具备抗寒性，在室外也能越冬，但基本上还需在室内进行管理。白天适合置于光照好的窗边，但夜间气温下降，务必搬离窗边，避开夜晚的低温。冬季的基本注意事项是减少浇水，而且要浇预先汲好的常温水或者稍微掺有热水的温水。

选土

植物在土壤中生根以支撑植株，并且通过根系吸收水分和养分。在观叶植物基本为盆栽时，盆土需适应日常生活的场所，因此，根据不同植物的属性，要考虑到排水性和保水性，将清洁的土壤混合使用。

本书在没有特别说明的情况下，默认使用的是市售的"观叶植物用土"。了解了各种植物的属性之后，也可以根据自己的需求将基本用土和改良用土混合使用。

观叶植物用土

［基本用土］

花盆基质土

赤玉土

赤玉土是人们通常使用的园艺用土，排水性和透气性较好，保肥性也优异，根据颗粒的大小可分为大、中、小三种。

鹿沼土

鹿沼土是在栃木县鹿沼地区采集的多孔火山灰土，不含有机物，酸性较强，具有优良的保水性和透气性。

［改良用土］

添加在基质土中使用

腐叶土

腐叶土由阔叶树的落叶发酵而成，透气性和保水性均佳。

蛭石

蛭石是将蛭石矿石在1000℃下焙烧而成的，质地轻，保水性和保肥性较好。蛭石无菌，因此可作为扦插用土。

椰壳块

椰壳块是把椰子切成块状而形成的，保水性、排水性以及透气性均佳，使用方法可以与水苔相同，有时也用作覆盖材料（▶P14）。

泥炭土

泥炭土由湿地的水苔堆积并发酵而成，可以混合使用替代腐叶土。观叶植物最好使用已调整过酸度的泥炭土。

珍珠岩

珍珠岩由火山玻璃质熔岩的珍珠光泽岩石经破碎和1000℃焙烧而成，质地轻，排水性和透气性较好，但缺乏保水性和保肥性。

水苔

水苔是生长于湿地的藓类，保水性、排水性以及透气性均佳。要在其充分吸收水分之后使用。

肥料

肥料分为只有一种养分元素的单元肥料和混合有多种养分元素的复合肥料。对于新手而言，还是复合肥料比较容易上手。不过，肥料并不是只要大量施加即可，施肥过量的话，根系受损，植株会变得柔软，生长状况也不佳。务必在确认各种产品的特性和使用方法之后再操作。

迟效性肥料（固体肥料）

施一次就能够持续且长期稳定地发挥功效。这种肥料有固体状和粒状，使用时施于盆土的上面，或者混合在土壤中。

速效性肥料（液体肥料）

肥效显现较快，也能够在浇水时与水一起施用。这种肥料具有经水稀释后使用和直接使用这两种类型。

病虫害

病虫害易发生在如下的条件中：置于通风较差的场所，枝叶过于繁茂且处于闷湿的状态，或者过于干燥。如果能够每天观察植物的状态，则容易发现较小的变化和病害的先兆，将病害抑制在最低程度。早期能够发现的话，要将植物与其他的盆隔离，并且进行驱虫，切掉病害处，防止病虫害范围扩大。

观叶植物常见的病虫害

叶螨

叶螨取食叶片的汁液，导致叶片变为白色或褐色。若放任不管，叶片就会掉落。干燥时易生叶螨，所以要通过对叶片喷水来预防。

蛞蝓

蛞蝓取食新芽和花芽，如果叶片背部有看上去湿润发亮的线条，则很有可能是蛞蝓。蛞蝓为夜行性害虫，发现之后要将其捕杀，或者播撒引诱剂驱除。

煤污病

煤污病是因介壳虫或蚜虫的排泄物形成黑色霉斑而导致的。若病害蔓延到整个叶片，会导致光照不足，妨碍植物生长。可喷洒杀虫剂进行驱除和预防。

介壳虫

介壳虫取食枝、茎、叶的汁液，由于它的体壁表面覆盖硬壳，所以看上去像白色、茶色或黑色的结痂。它们的排泄物会诱发煤污病。在病害较少的时候，可用牙刷刷掉。

软腐病

软腐病是细菌从茎上的伤口侵入而导致的。如果看到土壤表面处的茎发黑而且潮湿，便是已感染软腐病的征兆。后期表现为叶片掉落，或者植株突然倒下。软腐病容易在排水差而过湿的情况下发生。感染病害后可播撒药剂来缓解，但如果病害过重，需把整个花盆丢弃。

炭疽病

灰色、黑褐色的斑点呈圆形或椭圆形分布于叶或茎。炭疽病容易发生在高温多湿的环境中，所以需做好通风。一旦发现病征，要清除感染处，并播撒药剂。

养一养！

② **保持美丽姿态的修剪法**

许多生长在盆中的植物如果被放置不管，整体就会长得不协调，枝叶过于繁茂还会引起病虫害。当枝叶纷乱、参差不齐时，为了室内摆设的美观，需要对植物进行修剪，保持其美观的姿态。

大型绿植的修剪

1

为了易于对鹅掌柴(▶P64)等大型植株进行修剪作业，需从前一天起减少浇水，并把植株从盆中拔出。不好拔出的时候，一边敲打盆沿，一边向外拔。

2

首先，优先进行枯枝的修剪。在枝叶混合的部分中，把从主干长出的枝和茎在距基部2cm左右处剪掉。

剪切 ——

3

若要枝叶长得繁茂，可把茎分支的部分剪掉，于是新芽从下面生出，茎增多。

4

在修剪时进行适当取舍，将植株修剪成新颖的形状，使植物整体造型别具一格。

垂吊绿植的修剪

1 像常春藤(▶P114)这样的垂吊式绿植若被置不管,根部的叶片会逐渐变少。可以在茎蔓长得过长之前精心地修剪。

2 受损的叶片影响美观,所以剪掉。

3 不生叶片且只有节间生长的茎蔓要果断剪短。

4 考虑到整体协调性,可把植株稍微剪短,这样,通风会变好,植株也能健康生长。

小型绿植的修剪

1 天使泪(▶P116)等茂密型的植物若被放任不管,则根部处于闷湿状态。

2 剪掉变色或枯萎的部分。整体上受损较严重的话,果断从土壤表面处除。几周之后会长出新芽。

3 把修剪得较短的两三棵植株一起种植,会显得叶量很多。待它们生长茂密、直到覆盖花盆边缘时,给植株换盆,或者修剪整理。

大胆地在生长期进行修剪

观叶植物的修剪通常在春季至秋季进行。不过,若想通过大胆地修剪距离根部较近的粗枝干来完全改变树形,那么最好是选在植物生长旺盛的春季至初夏;若只是稍微修剪一下长得过长的枝干,那么可以根据植物的状态在任意季节修剪。

21

养一养！

③

换盆的方法

为了能够长期管理并观赏植物，必须进行的作业之一是换盆。这可以在植株生长到与盆的协调性变差之后进行。另外，如果浇的水难以浸渍到土中，并且开始出现枯叶，原因可能是植株较弱，可以换盆使植株焕发活力。

1 换盆的时机

植株逐渐生长
并且体型变大

盆内的土壤历经较长时间之后，对水的吸收变差，土中的养分也失去平衡，这种状况会妨碍植株的生长，因此，小盆应每年更换一次，大盆应2~3年更换一次。

2 换盆的时机

植株栽种在塑料盆中

在被称作PVC盆或乙烯盆的育苗用盆中栽种的植株，需在购买之后移植于普通盆。放置不管会使其根系受损。此外，也有些植株被栽种在塑料盆中出售，如果这种盆的底部无孔，也需要把植株移植到普通的有孔盆中。

请在以下情况中换盆！

□浇水也难以浸渍到土中

□自购买时起，两年以上没有换过盆

□在一个盆中栽种多棵植物，并且经过了一年以上

□根从盆孔中露出

□遭受到病虫害

想把植物养得更高大

1 为了容易作业，操作前一天对龙血兰（▶P84）减少浇水，把植株从盆里拔出。

2 在大一号的盆底部铺上网，然后填入占盆整体五分之一左右的观叶植物用土。

3 用手掰碎已结团的根系和土壤，将旧土抖落三分之一左右。用剪刀剪掉发黑受损的根。

4 在新盆中放入植株，并在根与根之间填入新土来固定植物。

5 浇大量的水，像往常一样管理。

想养成相同的大小

1 为了容易作业，操作前一天对龟背竹（▶P128）减少浇水，把植株从盆里拔出。不好拔出时，一边敲打花盆沿，一边向外拔。

2 用清洁且锋利的园艺剪刀或刀把植株切成2~3棵。

3 把切开后的各植株底部的叶片和老根切除修整。从茎部生出的根为气生根，可以保持原样，不必剪掉。

4 丢弃旧土，在盆中填入五分之一左右的新的观叶植物用土，然后分别把植株栽到盆中。在根与根之间填入新土，把植物固定。

5 浇入大量水，在通风较好的半遮阴处进行管理。

23

方法 基本的繁殖

繁殖观叶植物的方法有分株和扦插等方法。每种方法都最好在春季至夏季的生长期进行。熟悉了植物的养护之后，一定要尝试挑战一下。

两种繁殖方法

分株

分株是指把一棵植物分为两棵以上并分别栽种的繁殖方法。如果植物根系在盆内长满，需要换盆，可以对植物进行分株。分株繁殖基本上是分为两棵，并栽种到与原先的盆大小相同的盆里。

扦插

扦插是切下茎或根插入土壤或水中进行繁殖的方法。扦插使用的土比较卫生，市场上也出售扦插专用土。

对盆内长满根系的植物进行分株

1

在对盆内长满根的白鹤芋(▶P76)换盆的同时进行分株。为了容易作业，前一天不宜浇水。

2

把植株从盆中拔出。如果根长得很满而不易从盆中拔出，也可以打碎花盆，如果是塑料盆，可以剪破。

3

把根土结成的团分为2~3块，徒手不好分开时，也可以用剪刀把根剪开。

4

把切开后的各植株的旧土抖落，剪掉发黑受损的根和长得过长的根。叶片也剪掉百分之二十至三十。带花的植物要摘掉花。

5

与换盆(▶P22)的方法类似，把各植株栽入盆中。栽好之后大量浇水。

水插繁殖

1 绿萝(▶P122)是易于水插繁殖的类型。从健康生长的植株的根部把茎切下来。

2 选择带有干净叶片的茎，以具有2~3节的标准将其切下。

3 插入干净的水中。确认已发根之后，把它栽入土中，也可以进行无土栽培(▶P28)。

使用水苔进行的扦插繁殖

1 将猪笼草(▶P94)顶端保留2~3节进行剪切。

2 摘掉下方的叶片。

3 用预先含水的水苔覆盖切口，缠上线进行固定。

4 把植株放入盆中，在周围填入水苔将其固定。在半遮阴处放置2~3周，浇水防止水苔变干。1~2个月发根，保持覆盖着水苔的状态把植株栽入土壤中。

插入土中的扦插繁殖

1 使用修剪时剪切下来的白粉藤(▶P66)的茎进行扦插。

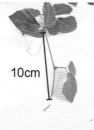

2 将茎的长度切至5~10cm，切口需斜切。

10cm

3 摘掉下方的叶片。

4 把茎插入稍微润湿的扦插用土中，然后在半遮阴处放置1~2周。不要移动已插入的茎。待土干燥之后，缓缓地浇水。插入的茎在1~2个月后发根，发根之后移栽到较大的盆中。

组盆的基本要点

在组盆时，把管理方法相近的植物组合在一起。为了造型的美观，要点在于选择叶片形状、颜色以及质感各自不同的植物。错落有致的高度会带来更好的观赏性。

与室内装修的氛围相呼应地选择植物和盆，这也充满乐趣。
在上图中，我们把可以干燥管理的植物进行了组合。

需准备的用品

● 盆　　● 盆底网
● 园艺铲
● 用于戳土的小棍
● 土：赤玉土、腐叶土、日向砂
比例2：1：0.5
● 植物：滴水观音、合果芋、袖珍椰子、文竹

种植方法

1 将赤玉土、腐叶土、日向砂以2：1：0.5的比例混合。

2 把植株轻轻从盆中拔出，并把根土结团上部的土掰下少许。

3 在盆底铺上网，把土填到盆的三分之一高度。

4 在盆中放入植物并确认高度。这时，一边确认植物的朝向、位置，一边把植物放入盆内。

5 在把植物放入盆内的状态下，缓缓地填土。

6 用小棍戳土，使土向空隙中流入。要注意别用小棍伤到根部。

7 把土填到距盆沿1~3cm的位置。这是为防止浇水的时候土被冲出来而预留的浇水空间。

8 大量浇水，直到从盆底流出干净的水，而且要把水完全排出。将植物置于明亮的遮阴处，待土干之后再浇水。

养一养!

⑥

无土栽培的方法

无土栽培是指水耕栽培。使用营养土这种室内园艺用土代替普通土壤来养护植物。营养土很卫生，所以可放心地置于桌上。

在有一定高度的容器里的营养土中插入吸管，空气会进入土壤中，不易闷湿。

准备的用品

● 底部无孔的容器　　● 园艺铲
● 用于使土壤填入空隙的小棍
● 营养土（无菌、无味的土）

● 植物：虽然市场上也出售无土栽培植物，但在使用营养土的无土栽培中，也可以是带土的植物

种植方法

1 把营养土放入竹篓中清洗，然后在容器中放入少量。

2 在容器中放入植物并确认高度。

3 填入营养土。如果容器较小，使用园艺铲会比较容易操作。

4 用小棍戳土，让土填充到有空隙的地方。

5 大量浇水。用手指按住喷壶的口能够调节水量，也容易向较小的容器中浇水。

6 倾斜花盆，控干水分。一边用手捂住营养土一边控水，防止土壤流走。

7 将植物放置在没有阳光直射的蕾丝窗帘处，待营养土的内部都干了之后再浇水。新手使用玻璃容器会比较容易观察营养土的干湿状态。

体验制作苔藓球盆栽的乐趣

建议一年左右将植物移栽到观叶植物用的土壤中，移栽之前使苔藓球含水，把苔藓剥下。

苔藓球盆栽是通过使用苔藓代替盆来包裹土壤进行制作的。把几个由迷你观叶植物制作成的苔藓球盆栽一同放在一个容器里，也很赏心悦目。每天给苔藓球盆栽浇水时需使用喷雾器。

种植方法

1 将赤玉土、泥炭土、富士砂以1∶2∶1的比例混合，一边用喷雾器喷水，一边把土和水整体搅拌20分钟。

2 从盆中拔出根，抖落少许包裹根系的土。

3 把植物的根栽入搅拌好的土中。一边像制作饭团一样轻捏，一边往上加土防止土团破碎。

4 把事先用水润湿的苔藓贴在土团表面。土的底面不需要贴苔藓。

5 粘贴时防止苔藓重叠，并捏制成饭团的形状。

6 在苔藓球的部分缠绕线把苔藓固定。

7 用喷雾器给苔藓浇水。也需对叶片浇水清洗污迹。

8 把盆栽置于盛有水的器皿中，每天用喷雾器对苔藓球部喷水2~3次。若拿起整棵盆栽发现土中已没有水分并变轻时，把整个苔藓球的部分放在水中浸渍一分钟。

人气观叶植物指南

本书对47种人气观叶植物的特征和养护方法的诀窍进行解说。请把该指南作为参考来选择心仪的植物并对植物进行正确的养护。另外，在本书中没有特别说明的情况下，介绍的都是日本关东地区以西的基本的栽培方法。

指南的阅读方法

主题
可知科名、别名、原产地。

养护难度

- 🍃 —— 困难
- 🍃🍃 —— 普通
- 🍃🍃🍃 —— 简单

养护难度 🍃🍃🍃 普通

铁角蕨属
Asplenium

植物名
基本上用属名表示，但也有一部分用科名表示。字母为拉丁学名。

铁角蕨属·鸟巢蕨

解说
对植物的特征进行解说。

这是一种姿态优雅的植物，碧绿的叶片色泽光亮，呈放射状伸
铁角蕨中既有如皱叶鸟巢蕨一样叶片没有裂口的阔叶型，也有
片分裂为羽状的类型。
叶片的背面生有含孢子的孢子囊，看上去像排列着许多茶色
颗粒。这是蕨类植物的特征，而不是因为发生了病虫害。在
外环境中，既有生长于地上的种类，也有附生在树上或岩石
面的种类。铁角蕨喜高温多湿，也稍微耐受干燥，比较容易养

植物的性质

耐阴性：大致的摆放场所
　　具有耐阴性 ▶ 在没有光照的地方也能生长的植物。
　　　　　　　　无灯光照明的情况下能够看清报纸的程度的亮度。
　　普通耐阴性 ▶ 最适合明亮背阴处的植物。要避免阳光直射。
　　没有耐阴性 ▶ 整日需要阳光的植物。

耐寒性：所需的大致最低温度
　　具有耐寒性 ▶ 越冬的最低温度需为0℃以上的植物。
　　普通耐寒性 ▶ 越冬的最低温度需为5℃以上的植物。
　　没有耐寒性 ▶ 越冬的最低温度需为10℃以上的植物。

干燥：浇水的方式
　　耐干燥性较强 ▶ 待盆土完全干燥并且土壤表面发白之后，过2～3天浇水。
　　耐干燥性普通 ▶ 盆土较干燥，抬起盆感到变轻时浇水。
　　耐干燥性较弱 ▶ 盆土的表面干燥后便浇水。

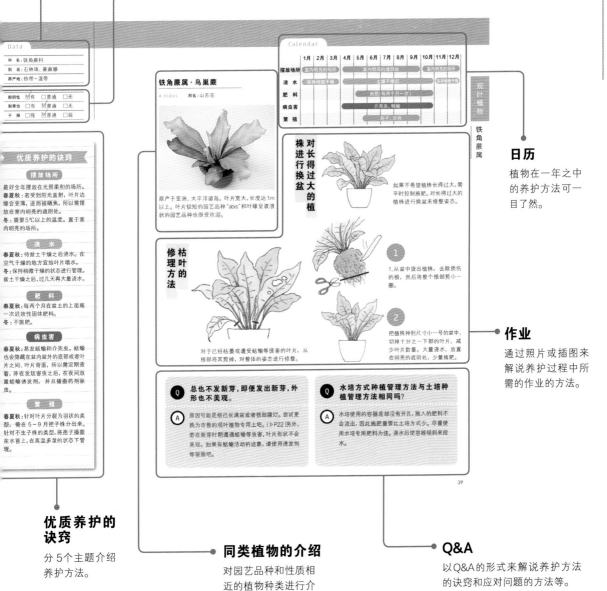

日历
植物在一年之中的养护方法可一目了然。

作业
通过照片或插图来解说养护过程中所需的作业的方法。

优质养护的诀窍
分5个主题介绍养护方法。

同类植物的介绍
对园艺品种和性质相近的植物种类进行介绍。

Q&A
以Q&A的形式来解说养护方法的诀窍和应对问题的方法等。

铁线蕨属

Adiantum

Data

科　名:铁线蕨科
别　名:铁丝草
原产地:热带~亚热带地区

耐阴性	☑有	□普通	□无
耐寒性	☑有	□普通	□无
干　燥	□有	□普通	☑无

楔叶铁线蕨
A. raddianum

铁线蕨的叶色碧绿清新,是一种适合夏天种植的植物。观赏类铁线蕨的原产地大多为热带地区。铁线蕨叶片茂密,但实际上每片叶子都细密地分裂,又被称作小羽片。铁线蕨为蕨类植物,因而叶片背面生有含孢子的孢子囊。不过,铁线蕨的孢子囊在叶缘卷入背侧的地方生长,所以平时几乎看不到。在干燥环境中,铁线蕨的叶片会枯萎,因此,不论哪个季节,都应该避免叶片被空调直吹。

优质养护的诀窍

摆放场所

明亮的遮阴处为最佳摆放场所,最好常年放置在阳光透过蕾丝窗帘所照射到的地方。铁线蕨有一定的耐阴性,但如果光照不足,会导致枝叶杂乱,姿态不美观。

浇　水

春秋冬:待盆土干燥后浇水,空气干燥时也要给叶片喷水。
夏:每天浇水防止盆土干燥。闷湿环境会导致植株枯萎,所以夏季要减少给叶片喷水。

肥　料

春夏秋:每两个月在盆土上面施一次迟效性固体肥料。
冬:不施肥。

病虫害

春夏秋:易生介壳虫、蛞蝓。尤其蛞蝓以取食地面处的新叶为害,所以,在不发新芽时,最好确认下盆底有没有蛞蝓。

繁　殖

春夏:分株繁殖。适宜换盆的时期为5-9月。

	1月	2月	3月	4月	5月	6月	7月	8月	9月	10月	11月	12月
摆放场所	明亮的遮阴处											
浇水			土壤干燥后				每天浇水		土壤干燥后			
肥料				施肥(每两个月一次)								
病虫害				介壳虫、蛞蝓								
繁殖				分株繁殖								

观叶植物

铁线蕨属

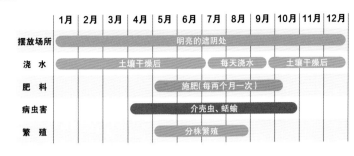

变黑的叶片要如何处理

枯叶

1 铁线蕨的下部叶片死亡时，会逐渐发黑并枯萎。

2 一旦发现变黑的下叶，即从根部剪掉，保持植株美观。

给叶片浇水的方法

1 在叶片容易干燥的时期或者使用空调的室内，直接用喷雾器等给叶片喷洒细小的水滴。

2 不仅从叶片上方喷水，还要从下方全面地给叶片的背面喷水。

Q 叶片像脱水一样变得皱皱巴巴。

A 当湿度不足时，铁线蕨的叶片会变得皱皱巴巴。一旦发生这样的情况，即使给叶片浇水也不会恢复原状，所以用园艺剪刀剪掉，等待发出新芽吧。另外，可以把根系已从盆底长出的植株换盆。(▶P22)

Q 新芽发红，是不是病害？

A 新芽发红是铁线蕨的特征。这不是病害，它会伴随着生长变成绿色，所以不必担忧。完全不发新芽的时候，则可能受到了蛞蝓的危害。蛞蝓多在夜间活动，白天隐藏在盆底等处，所以需要检查确认。若发现蛞蝓，则播撒驱虫剂驱除。

天门冬属

Asparagus

Data

科　名：	百合科
别　名：	天门冬
原产地：	非洲、亚洲、欧洲

耐阴性	☑有	□普通	□无
耐寒性	☑有	□普通	□无
干　燥	☑强	□普通	□弱

天门冬属·文竹
A. setaceus

优质养护的诀窍

摆放场所

文竹虽然具有耐阴性，但最好放置于光照好的场所，这样能够养出健康的植株。如果光线不足，植株节间会长长，株态变得杂乱。

春秋：光照好的室内。

夏：光照好的场所。

冬：如果是不结冰的地区，则可以放在室外越冬，但最好放置在光照较好的室内。

浇　水

根为多肉质，所以也能够耐受一定程度的干燥，但浇水过多容易导致烂根。

春夏秋：待盆土干燥之后浇水。

冬：待盆土干燥之后，过几天再浇水。保持稍微干燥的状态。

肥　料

春夏秋：每两个月在盆土的上面施一次迟效性固体肥料。

病虫害

春夏秋：易生叶螨、介壳虫。可通过向叶片喷水来预防，在发现害虫之后播撒药剂驱除。

繁　殖

春夏：在春季变暖之后到9月左右的期间内进行分株。适宜换盆的时期为5-9月。

文竹叶色鲜嫩，姿态柔软，别有一番趣味。看起来像细叶的部分是小枝变化而来的，被称作假叶，实际的叶片为鳞片状，较小而不起眼。作为蔬菜的芦笋虽然也是同类，但供观赏的观叶植物是其他种类或者园艺品种。

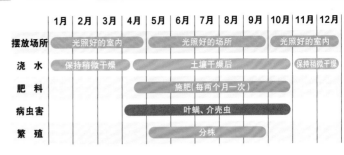

	1月	2月	3月	4月	5月	6月	7月	8月	9月	10月	11月	12月
摆放场所	光照好的室内			光照好的场所						光照好的室内		
浇 水	保持稍微干燥			土壤干燥后							保持稍微干燥	
肥 料				施肥（每两个月一次）								
病虫害			叶螨、介壳虫									
繁 殖					分株							

观叶植物

天门冬属

分株的方法

"杉叶蔓（sprengeri）"具有像杉树叶一样的叶柄，茎以藤蔓状伸长并下垂。

1
用剪刀剪掉从盆底长出的根系。

2
从盆中拔出植株。如果根系在盆中长满比较难拔，叩击盆体则容易拔出。

3
用剪刀把根土结成的团从下部剪掉三分之一左右。

4
把剪刀纵向插入根土团中，把植株分为两部分。

5
剪掉枯萎的茎、叶以及拖沓冗长的部分。

6
把分好的植株分别种在盛有新土的盆中。土为观叶植物用土，为了排水顺畅，也可以在盆底铺上较大块的赤玉土。

7
种好之后大量浇水，如往常一样管理。

Q 购入的迷你观叶植物"观赏凤梨"的茎在生长的过程中变为藤蔓状。

A 在幼苗时期，"观赏凤梨"的姿态柔软可爱，但植株日渐生长，枝条也不断伸长，这是它的一个特征。如果介意下垂的枝条，可以在适当的位置修剪。如果植株长得较大，可以换到吊盆中，以悬吊的方式观赏。

Q 每天不落地浇水，但叶子还是会脱落。

A 植株具有多肉质的根，能够耐受干燥，但浇水过多会导致盆内潮湿，根部容易损伤。可以认为叶子脱落的原因在于根部发生腐烂。如果排水较差，也有可能根部已在盆内长满。这时，请修理根部并进行换盆吧。（▶P22）

铁角蕨属

Asplenium

Data

科 名	铁角蕨科
别 名	石林珠、蕨蕨滕
原产地	热带～温带

耐阴性	☑有	□普通	□无
耐寒性	□有	☑普通	□无
干 燥	□强	☑普通	□弱

铁角蕨属·鸟巢蕨
A. nidus 'Plicatum'

这是一种姿态优雅的植物,碧绿的叶片色泽光亮,呈放射状伸展。铁角蕨中既有如皱叶鸟巢蕨一样叶片没有裂口的阔叶型,也有叶片分裂为羽状的类型。

叶片的背面生有含孢子的孢子囊,看上去像排列着许多茶色的颗粒。这是蕨类植物的特征,而不是因为发生了病虫害。在野外环境中,既有生长于地上的种类,也有附生在树上或岩石表面的种类。铁角蕨喜高温多湿,也稍微耐受干燥,比较容易养护。

优质养护的诀窍

摆放场所

最好全年摆放在光照柔和的场所。
春夏秋:若受到阳光直射,叶片边缘会变薄,进而被晒焦,所以需摆放在室内明亮的遮阴处。
冬:需要5℃以上的温度。置于室内明亮的场所。

浇 水

春夏秋:待盆土干燥之后浇水。在空气干燥的地方宜给叶片喷水。
冬:保持稍微干燥的状态进行管理。盆土干燥之后,过几天再大量浇水。

肥 料

春夏秋:每两个月在盆土的上面施一次迟效性固体肥料。
冬:不施肥。

病虫害

春夏秋:易发蛞蝓和介壳虫。蛞蝓也会隐藏在盆内盆外的底部或者叶片之间、叶片背面,所以需定期查看,并在发现害虫之后,在夜间放置蛞蝓诱发剂,并且播撒药剂驱虫。

繁 殖

春夏秋:针对叶片分裂为羽状的类型,需在5-9月把子株分出来。针对不生子株的类型,将孢子播撒在水苔上,在高温多湿的状态下管理。

	1月	2月	3月	4月	5月	6月	7月	8月	9月	10月	11月	12月
摆放场所	室内明亮的场所			室内明亮的遮阴处						室内明亮的场所		
浇水	保持稍微干燥			土壤干燥后						保持稍微干燥		
肥料				施肥(每两个月一次)								
病虫害				介壳虫、蛞蝓								
繁殖				孢子、分株								

铁角蕨属·鸟巢蕨

A.nidus 别名:山苏花

原产于亚洲、太平洋诸岛。叶片宽大,长度达1m以上。叶片较短的园艺品种 "abis" 和叶缘呈波浪状的园艺品种也很受欢迎。

对长得过大的植株进行换盆

如果不希望植株长得过大,需平时控制施肥。对长得过大的植株进行换盆来修整姿态。

枯叶的修理方法

对于已经枯萎或遭受蛞蝓等侵害的叶片,从根部将其剪掉,对整体的姿态进行修整。

1 从盆中拔出植株,去除损伤的根,然后将整个根部剪小一圈。

2 把植株种到尺寸小一号的盆中,切掉十分之一下部的叶片,减少叶片数量。大量浇水,放置在明亮的遮阴处,少量施肥。

Q 总也不发新芽,即便发出新芽,外形也不美观。

A 原因可能是根已长满盆或者根部腐烂。尝试更换为市售的观叶植物专用土吧。(▶P22)另外,若在新芽时期遭遇蛞蝓等虫害,叶片形状不会美观。如果有蛞蝓活动的迹象,请使用诱发剂等驱除吧。

Q 水培方式种植管理方法与土培种植管理方法相同吗?

A 水培使用的容器底部没有开孔,施入的肥料不会流出,因此施肥量要比土培方式少。尽量使用水培专用肥料为佳。浇水后使容器倾斜来控水。

海芋属

Alocacia

Data

科　名：天南星科

别　名：黑叶芋

原产地：热带亚洲、太平洋诸岛

耐阴性	☑有	□普通	□无
耐寒性	□有	□普通	☑无
干　燥	□强	☑普通	□弱

海芋属·黑叶观音莲
Alocasia × amazonica

这是一种颇具异域风情的植物，叶片美丽，散发着金属般的光泽。观赏价值高的种类有许多，从迷你观叶到大型盆栽都有市售。在野外生长于热带的树林中，喜高温多湿，也能耐受日本暑热的夏季。它具有耐阴性，所以能够在室内养护。不过，在过于阴暗的环境中只生长茎部，所以最好将海芋属植物放置于明亮的遮阴处。另外，植株长得越大型，对寒冷越敏感，所以冬季尽量不要浇水，让它休眠。

优质养护的诀窍

摆放场所

耐阴性较强，不拘泥于摆放场所，但较为理想的是将植物全年放置在避开阳光直射的明亮遮阴处。
春秋：室内明亮的遮阴处。
夏：在避开阳光直射的室外管理，植株会茁壮成长。
冬：需要15℃以上的温度，在明亮温暖的室内场所管理。

浇　水

春夏秋：待盆土干燥之后大量浇水。
冬：少浇水，保持稍微干燥的状态。

肥　料

春夏秋：每两个月在盆土上施一次迟效性固体肥料。
冬：不施肥。

病虫害

春夏秋：注意叶螨、介壳虫。用喷雾器给叶片喷水或者用湿布擦拭预防即可。若发生虫害，需尽早播撒药剂驱除。

繁　殖

夏：通过分株、分球、压条的方式繁殖。适宜换盆的时期为5-8月。

重新修整外观残败的植株

清理被弃置的植株，将其换盆或分株。

	1月	2月	3月	4月	5月	6月	7月	8月	9月	10月	11月	12月
摆放场所	室内明亮的场所				室内明亮的遮阴处					室内明亮的场所		
浇水	保持稍微干燥				土壤干燥后						保持稍微干燥	
肥料				施肥(两个月一次)								
病虫害						叶螨、介壳虫						
繁殖						分株、分球、压条						

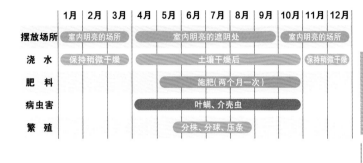

1 抓好植株底部，把它从盆中拔出。

2 用剪刀从根部剪掉枯叶和受损的叶片。

3 把根土结成的团掰碎少许，在自然分开的位置把植株分为2~3株。

4 变黑的根即已腐烂，将其去除。手指捏住往外拔就能简单地拔除。

5 根茎变软是受伤的证据，将该部分切除。如果整体都变软，植株则不会再生，这时要处理掉整棵植株。

6 将已分开的植株分别种植。土壤使用观叶植物专用土，也可以在盆底铺上颗粒较大的赤玉土，以优化排水。种好之后大量浇水，如往常一样管理。

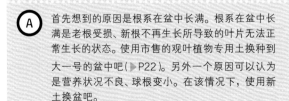

Q 叶片逐渐变小，这是为什么？

A 首先想到的原因是根系在盆中长满。根系在盆中长满是老根受损、新根不再生长所导致的叶片无法正常生长的状态。使用市售的观叶植物专用土换种到大一号的盆中吧（▶P22）。另外一个原因可以认为是营养状况不良、球根变小。在该情况下，使用新土换盆吧。

海芋属·滴水观音

A. macrorrhizos 'Variegata'

别名：滴水莲

分布于印度、东南亚以及太平洋诸岛。高度能达到2m左右，是比较大型的植物种类。

花烛属

Anthurium

Data

科　名	天南星科
别　名	红掌
原产地	热带美洲、西印度群岛

耐阴性	☑有	□普通	□无
耐寒性	□有	□普通	☑无
干　燥	□强	☑普通	□弱

花烛园艺品种
Anthurium cv.

肉穗花序

佛焰苞

花烛是一种在热带雨林中附生于树木枝干或岩石凹坑中的植物，分为观花和观叶两种，叶片的花纹和大小多种多样。花生长于自植株基部伸出的花茎的顶端，并长成像尾巴一样的肉穗花序。包围着肉穗花序的是佛焰苞，看起来像花朵，呈具有光泽的红色，这是它的一个特征。花烛从根茎生长气根，可以放置不管。如果造成妨碍，可将其剪掉。

优质养护的诀窍

摆放场所

耐阴性较强，所以摆放在任何地方都能够生长，但光线过弱会导致叶色黯淡，植株也变弱。

春夏秋：可以摆放于室外，但阳光直射会导致叶片晒焦，所以最好放置在明亮的遮阴处进行管理。

冬：观花的种类需要5℃以上的温度，观叶的种类需要10℃以上的温度。在温暖明亮的室内进行管理。

浇水

明脉花烛（Anthurium clarinervium）等观叶植物需全年给叶片喷水。

春夏秋：待盆土干燥之后大量浇水。气温较高的盛夏时期也可以每天浇水。

冬：保持稍微干燥的状态。

肥料

春夏秋：每两个月在盆土上施一次迟效性固体肥料。

冬：不施肥。

病虫害

春夏秋：易发叶螨和介壳虫。发生虫害之后播撒药剂驱除。

繁殖

夏：观花的种类在初夏至盛夏通过扦插、压条、分株的方式繁殖。观叶的种类在梅雨季至夏季通过分株进行繁殖。适宜换盆的时期为5月中旬至8月中旬。

	1月	2月	3月	4月	5月	6月	7月	8月	9月	10月	11月	12月
摆放场所	光照好的室内				明亮的遮阴处						光照好的室内	
浇水	保持稍微干燥			土壤干燥后		每日			土壤干燥后		保持稍微干燥	
肥料					施肥(两个月一次)							
病虫害					叶螨、介壳虫							
繁殖					扦插、压条、分株							

观叶植物

花烛属

扦插的方法

叶片增多的花烛也能够进行扦插。

1

将扦插的茎在距基部 3cm 左右的位置剪切。气根保持原状即可。

2

图中为切下的茎。从茎的基部切掉已变色的叶片。

变色的叶片

3

种在盛有新观叶植物用土的盆中。气根也种入土中。为了优化排水性，也可以在盆底放入较大的赤玉土。

4

种好之后大量浇水，如往常一样管理。

叶片的打理

叶片变白是因为残留了水中所含的漂白粉成分。一边按着叶片的背面，一边用沾湿水的软布擦拭叶片表面，这样处理会使叶片重新具有光泽。

Q **明脉花烛的叶片发白。**

A 原因之一可能是叶螨。把叶片冲洗干净，然后播撒用于驱除叶螨的杀虫剂。另一个原因可能是叶片晒焦所致。光线过强会导致叶片晒焦，所以把它移动到没有阳光直射但明亮的遮阴处吧。

光萼荷属

Aechmea

Data

科　名	凤梨科
别　名	凤梨
原产地	热带南美洲

耐阴性	☐有	☑普通	☐无
耐寒性	☐有	☑普通	☐无
干　燥	☐强	☑普通	☐弱

美叶光萼荷"天使"
A. fasciata 'Angel'

优质养护的诀窍

摆放场所

喜明亮的遮阴处，若受到阳光直射，叶片会被晒焦。
春秋：放置在阳光透过窗玻璃照射到的地方。
夏：明亮的遮阴处。放置在窗边时，需用蕾丝窗帘遮光。
冬：需要5℃以上的温度。在室内要充分地照射透过窗玻璃的阳光。

浇　水

春秋：待盆土干燥之后大量浇水。保持莲座状的筒中一直有水。
夏：每天浇水。
冬：气温开始下降之后，不要在筒中贮存水。以稍微干燥的状态进行管理，待盆土干燥之后，向植株基部浇水。

肥　料

春夏秋：每两个月在盆土上面施一次迟效性固体肥料。
冬：不施肥。

病虫害

春夏秋：注意叶螨、介壳虫。发生虫害时播撒药剂驱除。在稍微干燥的时期，对叶片喷水预防虫害。

繁　殖

春夏：5-8月把开花之后长出的子株分离并繁殖。适宜换盆的时期为4月下旬至9月上旬。

这是一种附生于热带森林的树上或岩石上的植物，叶片套叠成筒状，中间可以贮水。由于具有这样的性质，它也被称作"积水凤梨"。

光萼荷属植株的叶片厚且坚硬，边缘生刺。植株中心的苞叶呈粉色、红橙色等，在该苞叶之中开出小花。花朵数日之后便会枯萎，但可以长时间欣赏颜色鲜艳的苞叶。

开过一次花的植株不会再开第二次，并且之后会枯萎，所以要把子株切离，以期待下一次开花。

分株的方法

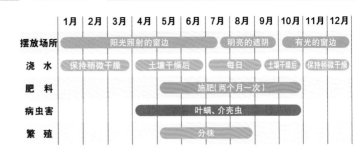

	1月	2月	3月	4月	5月	6月	7月	8月	9月	10月	11月	12月
摆放场所			阳光照射的窗边					明亮的遮阴			有光的窗边	
浇水	保持稍微干燥			土壤干燥后		每日			土壤干燥后		保持稍微干燥	
肥料					施肥（两个月一次）							
病虫害					叶螨、介壳虫							
繁殖					分株							

观叶植物

光萼荷属

这株光萼荷属植物的子株已在盆中长满，对其进行分株。

1 把植株从盆中拔出。不容易拔出时，叩击盆的边缘会比较好拔。

2 用干净的剪刀把环绕母株生长的子株从根部剪下。

3 掰碎根土结成的团，一边抖落土壤，一边把植株分为2～3株。

4 图中为剪下的子株和用手分开的植株。

5 用吸收了水分的椰壳块种植子株，而且要选择已去涩的椰壳块。如果没有椰壳块，可以使用水苔。

6 一边用手指压实椰壳块，一边把它填入盆中，来固定住植株。

7 大约一个月之后，去除椰壳块，换种到观叶植物专用土中。如果使用了水苔，则在附着水苔的状态下换土。

8 在换种到土壤中之前，以植株中心有积水的程度浇水即可。换种之后如往常一样管理。

曲叶光萼荷"阿兹蒂·金"

A.recurvate 'Aztic Gold'

别名：弯曲光萼荷

叶片细长，叶梢柔软地向外舒展。处于花期时，上方的叶片变为红色。

45

含羞树

Cojoba arborea var. angustifolia

含羞树

Close-up

Data

科　名：豆科	
别　名：红荚合欢树	
原产地：墨西哥～中美洲、厄瓜多尔	

耐阴性	□有	☑普通	□无
耐寒性	□有	☑普通	□无
干　燥	□强	□普通	☑弱

这是一种独特的植物，它像合欢一样，当天色变暗时，叶片闭合。红荚合欢树这个名字源于其花谢之后生出的绿色的长荚会随着成熟而变红。像蒲公英绒毛一样呈奶油黄色的花朵以可爱的姿态绽放，营造出一种清新可人的氛围，受到人们的喜爱。新芽颜色在红褐色至黑色之间，看上去像已枯萎，但它会与展开的叶片一同变为新鲜的绿色。由于植株生长较快且长得高大，所以，如果树形杂乱，需把伸出的树枝剪掉来修整外观。

优质养护的诀窍

摆放场所

全年喜好温暖且光照好的场所。
春夏秋：光照好的场所。夏季也可以放置于室外。
冬：适宜生长的温度在20℃左右，不耐寒冷，所以需在气温10℃以上的温暖的室内进行管理，并减少浇水。

浇　水

春秋冬：待盆土的表面干燥之后大量浇水。
夏：高温时期需每天浇水，最好也时常向叶片喷水。

肥　料

春夏秋：每两个月在盆土上施一次迟效性固体肥料。如果是速效性液体肥料，大致每两个星期施肥一次。
冬：不施肥。

病虫害

春夏秋：注意叶螨、介壳虫。如果不在早期驱除害虫，会引发煤污病。叶螨容易在干燥的室内生出，所以要通过勤给叶片喷水来预防。

繁　殖

春夏：通过扦插、播种的方式繁殖。适宜换盆的时期为4~6月。

	1月	2月	3月	4月	5月	6月	7月	8月	9月	10月	11月	12月
摆放场所		温暖的室内				光照好的场所					温暖的室内	
浇水		土壤干燥后					每日			土壤干燥后		
肥料				施肥（两个月一次）								
病虫害				叶螨、介壳虫								
繁殖				扦插、播种								

修剪长枝的方法

1

枝条长得快会导致树姿杂乱，如果希望保持植物姿态优美，需要果断地剪枝，适宜时期为发出新芽的4-5月。最好在新芽发出之后立即修剪。

2

在剪下的枝中，留下10cm左右的茎，把下方的叶片摘除，插入清洁的扦插用土中。待土壤干燥后浇水。一个月左右发根，这时将植物换到大盆中种植。

Q **叶片局部变为茶色并掉落。这是为什么?**

A 是光照不足导致的。需移动到明亮的场所，但如果移动得很突然，植株无法适应环境的变化，叶片可能会掉落更多。可移动到比现在稍微明亮的场所，使植株逐渐习惯环境的变化。

Q **叶片在明亮的场所也闭合。这是为什么?**

A 这是因为植物处于水分不足的状态。植物在变暗的情况下关闭叶片，但如果水分不足，有时在白天明亮的状态中也会关闭叶片。弃之不顾会导致叶片枯萎，所以请大量浇水。

换盆的方法

如果根系从盆底长出，便到了换盆的时期。

1

把植株从盆中拔出。如果盆很大，两个人协作能稳妥地拔出。

2

不要掰碎根土结成的团，要保持原状地将其换到大一圈的盆中。土壤使用观叶植物用土，也可以在盆底铺上大颗粒的赤玉土来优化排水。

观叶植物用土

大颗粒的赤玉土

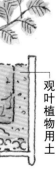

吊兰

Chlorophytum

Data

科　名	百合科
别　名	蜘蛛草
原产地	非洲

耐阴性	☑有	□普通	□无
耐寒性	☑有	□普通	□无
干　燥	☑强	□普通	□弱

金边吊兰
C. comosum 'Variegatum'

优质养护的诀窍

摆放场所

春夏秋：吊兰喜日照，所以尽量放置于光照好的地方，这样能健康生长。夏季也可以放到室外的向阳处。
冬：需0℃以上的温度，所以要将吊兰搬到室内并放置在光照好的地方。放置在室外不被霜打的话也能够越冬，但植株接近地面的部分会枯萎。

浇　水

春秋：待盆土干燥之后浇水。
夏：注意防止缺水。可以每天都浇水。
冬：保持稍微干燥的状态。

肥　料

春夏秋：每两个月在盆土上面施一次迟效性固体肥料。
冬：不施肥。

病虫害

春夏秋：注意介壳虫。春季发新芽的时期也易生蚜虫。

繁　殖

春夏：分株、剪取子株来繁殖。适宜换盆的时期为4月中旬至9月中旬。

吊兰在日语中叫做"折鹤兰"，它在伸长的匍匐茎上长出子株的姿态看起来如同垂吊着折叠的纸鹤，这便是名字的由来。吊兰原产地虽为热带，但其具有耐寒性，并且土壤中的根为多肉质，所以在干燥的条件下也能够茁壮地生长。广受欢迎的有金心宽叶吊兰、金心吊兰等叶片上有条斑的品种。

水分不足会导致叶尖枯萎。在叶片过于繁茂的情况下，可以认为枯萎是浇水不畅所致，所以应去除已枯萎的叶片进行修整。

	1月	2月	3月	4月	5月	6月	7月	8月	9月	10月	11月	12月
摆放场所	光照好的室内			光照好的场所							光照好的室内	
浇水	保持稍微干燥			土壤干燥后		每日		土壤干燥后			保持稍微干燥	
肥料					施肥（两个月一次）							
病虫害				蚜虫、介壳虫								
繁殖				分株、子株繁殖								

观叶植物

吊兰

使用子株繁殖的方法

葡匐茎➡

稍微留一段
葡匐茎

1 把葡匐茎（伸长的茎）上长出的子株剪下，并稍微留一段葡匐茎。

2 汇总5~6棵剪下来的子株。如果子株比较大，一棵即可。

3 把子株种在观叶植物用土中，并且把根部和葡匐茎埋起来。种好之后大量浇水，放置在明亮的遮阴处进行管理。

Q 与刚买回来时相比，植物叶片萎蔫，叶尖下垂，这是为什么？

A 原因应该是光照不足。吊兰虽然也具有较强的耐阴性，但长时间放置在没有光照的地方会导致叶片发软。给它提供透过蕾丝窗帘程度的光照即可，被阳光照射的吊兰会健壮地生长。

换盆的方法

根系已从盆底长出，所以应进行换盆。吊兰生长速度较快，应一年换一次盆。

1 用剪刀剪掉从盆底长出的根系。

2 把植株从盆中拔出，能看到大量健康的白色粗根。

3 不要掰碎根土结成的团，把它放在比之前大一圈的盆中，填入观叶植物用土。最后大量浇水，如往常一样管理。

五彩芋属

Caladium

Data

科　名	天南星科
别　名	彩叶芋、锦芋、叶芋、叶锦
原产地	热带美洲

耐阴性	☑有	□普通	□无
耐寒性	□有	☑普通	□无
干　燥	□强	☑普通	□弱

五彩芋园艺品种
Caladium cv.

五彩芋属为多年生植物，地下具有球根，大大的心形叶片长在纤细的叶柄上，叶片上有白色或红色的网眼状花纹。五彩芋的原产地为南美洲，在日本的明治时代中期被冠以"叶锦""锦叶"等名称，受到人们青睐。有许多叶片颜色五彩斑斓的园艺品种，如果把叶片颜色不同的植株组合种植，美丽且别有一番趣味。秋季叶片开始枯萎，进入休眠，植株可以在这样的状态下越冬，但也可以在冬天把球根挖出，待到春天时再种植这颗球根。

优质养护的诀窍

摆放场所

春夏秋：若日照不足，叶片的花纹会发生变化，因此最好摆放在光照较好的位置。盛夏时节应用蕾丝窗帘等遮挡直射的阳光。
冬：保持盆土干燥的状态使球根休眠。在休眠过程中将植物放置在室内温暖的地方。

浇水

春秋：待盆土干燥之后浇水。叶片在晚秋季节枯萎并进入休眠期，所以停止浇水，保持盆土干燥。
夏：盛夏时应每天浇水。
冬：不浇水，使球根休眠。

肥料

春夏：在生长期间，每两周施一次速效性液体肥料。

病虫害

春夏秋：注意温室粉虱和叶螨。尤其在持续高温和干燥的时期易生叶螨，应对叶片喷水来预防。

繁殖

春：5月左右种植球根。将整个植株换盆时，在土中掺入迟效性的肥料。适宜换盆的时期为4月下旬至5月上旬。

	1月	2月	3月	4月	5月	6月	7月	8月	9月	10月	11月	12月
摆放场所		光照好的室内				光照好的场所				光照好的室内		
浇 水		保持干燥（休眠）			土壤干燥后		每日		土壤干燥后		保持干燥（休眠）	
肥 料					液体肥料（每两周一次）							
病虫害						温室粉虱、叶螨						
繁 殖					分球							

球根的种植方法

1 5月为最佳种植时期。把挖出的球根的腐烂部分用刀片切除，在切口处涂上苯菌灵等杀菌剂。

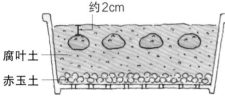

约2cm

腐叶土
赤玉土

2 在盆底铺上较大颗粒的赤玉土，填入腐叶土，然后把球根种植在略深的地方，比如土壤下方2cm处。

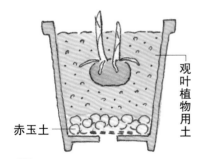

观叶植物用土

赤玉土

3 发芽之后换种到观叶植物用土中，盆底也可以铺赤玉土。把盆摆放在光照充足的地方，叶片的花纹会长得非常美丽。

休眠之前的照料

秋季叶片开始枯萎之后，立一根支柱来保持植株姿态。把已经弯折的茎从根部剪下，叶片整体变黄之后停止浇水。然后放在暖和的地方，从5月开始浇水，之后会长出新叶。

Q 怎样把球根挖出来？

A 挖球根应在叶片枯萎并开始掉落之后进行。为了防止从土中挖出的球根变干燥，要用报纸把它包起来，放入发泡塑料中，并在最低10℃以上的地方进行保管。待春天即可种植。

Q 叶片颜色变得黯淡，这是为什么？

A 五彩芋看上去具有耐阴性并且看似喜好光线弱的场所，但实际上它是特别喜光照的植物，所以，在阴暗的室内，由于光照不足，叶片花纹会渐渐变淡。接受阳光直射是很重要的，换一下位置即可。

肖竹芋属

Calathea

Data

科 名	竹芋科
别 名	无
原产地	热带美洲

耐阴性	☑有	□普通	□无
耐寒性	□有	□普通	☑无
干 燥	□强	□普通	☑弱

肖竹芋属·孔雀竹芋
C. makoyana

这是一种姿态优雅的植物，叶片上分布着多姿的斑纹，而且叶表和叶背的颜色不同，颇具魅力。孔雀竹芋具有如同孔雀尾屏一般的斑纹，因而最受欢迎，其他颇具人气的品种有叶片呈长椭圆形并具有美丽的箭羽花纹的箭羽竹芋和叶片大并具有虎斑纹路的斑叶竹芋等。另外也有花朵美丽的品种，比如包裹花朵的苞片呈黄色的黄花竹芋和具有淡色苞片的罗氏竹芋等。竹芋受到强烈的阳光直射时，叶片会皱缩，所以要避开直射阳光，将植物放置在明亮的遮阴处种植。

优质养护的诀窍

摆放场所

春秋：明亮的遮阴处最佳，在室内的话，宜放置在透过蕾丝窗帘的阳光所照射到的地方。
夏：避开直射阳光，放置在室内不会受到空调直吹的地方。
冬：需要12℃以上的温度。可放置在温暖的窗边，夜间搬离窗户，用瓦楞箱或报纸将植物包围起来避开寒气。

浇 水

春秋：待盆土表面干燥之后浇水，避免浇水过量。
夏：每天浇水。
冬：保持稍微干燥的状态，叶片开始枯萎之后停止浇水，使之进入休眠状态。

肥 料

春夏秋：每两个月在盆土上面施一次迟效性固体肥料。
冬：不施肥。

病虫害

春夏秋：有时发生黑斑病或斑点病。如果在夏季高温期植株比较干燥，则易发叶螨和介壳虫。

繁 殖

春夏：5月中旬至8月下旬分株繁殖。换盆也在同一时期进行。

分株的方法

	1月	2月	3月	4月	5月	6月	7月	8月	9月	10月	11月	12月
摆放场所						光照好、明亮的遮阴处						
浇水		保持稍微干燥			土壤干燥后		每日		土壤干燥后		保持稍微干燥	
肥料						施肥（两个月一次）						
病虫害				叶螨、介壳虫								
繁殖						分株						

观叶植物

肖竹芋属

根系在盆中长满之后，叶片也会逐渐枯萎，需通过分株使植株再生。

从盆中拔出植株，把旧土抖落少许。

把受伤和枯萎的叶片从植株根部剪掉。

把剪刀插入被土壤包裹的根部，将植株分为2~3株。如果能够用手掰开植株，则可以徒手进行。

图中是分成了3株的状态。

把分好的植株分别种到填有新土的盆中，并且要使用观叶植物专用土，为了优化排水，也可以在盆底铺上较大的赤玉土。

种好之后大量浇水，如往常一样管理。

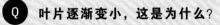

Q 叶片逐渐变小，这是为什么?

A 原因是根系堵塞。根长满盆之后，根的生长停止，对肥料的吸收变差。浇水时观察一下水的渗入情况，如果吸收较差，那么有可能是根系堵塞。如果根系已经堵塞就换盆种植吧。

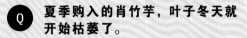

Q 夏季购入的肖竹芋，叶子冬天就开始枯萎了。

A 由于肖竹芋不耐寒，所以有可能是根部腐烂或者已经进入了休眠期。越冬最低温度需要达到12℃，如果无法维持该温度条件，则需停止浇水使之休眠。即便叶片枯萎，但根部还活着，所以将植物放置在室内温暖的地方管理，待春天重新浇水就会发出新芽。

果子蔓属

Guzmania

果子蔓园艺品种
Guzmania cvs.

Data

科　名	凤梨科
别　名	凤梨
原产地	北美南部~巴西、西印度群岛

耐阴性	☑有	□普通	□无
耐寒性	□有	☑普通	□无
干　燥	□强	☑普通	□弱

果子蔓的叶与花均具有观赏性，浅绿色的叶片清新可人，处于花期的苞片色彩亮丽，也与凤梨科的光萼荷属植株（▶P44）一起被称作"凤梨"。果子蔓在热带雨林中宿生于树木或岩石。

果子蔓的叶缘无刺，细长的叶片以莲座状重叠，在基部成为筒状，并通过在此蓄水来吸收水分。果子蔓一旦开过一次花，不会再开第二次，之后便枯萎。若希望每年都能够观赏花朵，那就分株种植吧。

优质养护的诀窍

摆放场所

春夏秋：喜明亮的遮阴处，可放置在阳光透过蕾丝窗帘照射到的地方。

冬：需5℃以上的温度。放置在室内的床边，照射透过玻璃的阳光。

浇　水

春秋：始终保持莲座中央的筒中有水。

夏：每天浇水，使筒中的水能够被替换。

冬：待盆土干燥之后向植株根部浇水。水积存在筒中会导致植株受冻，所以当筒中有积水时，需把盆倒过来把水倒掉。

肥　料

春夏秋：每三个月在盆土上面施一次迟效性固体肥料。

冬：不施肥。

病虫害

全年都要注意叶螨、介壳虫。该病虫害在干燥的情况下易发，因此，在使用空调的房间内，需对叶片喷水来预防。

繁　殖

春夏：花期之后长出的子株可进行分株。适宜换盆的时期为4-9月。

	1月	2月	3月	4月	5月	6月	7月	8月	9月	10月	11月	12月
摆放场所	室内的窗边			室内明亮的遮阴处						室内的窗边		
浇 水	保持稍微干燥			土壤干燥后		每日			土壤干燥后	保持稍微干燥		
肥 料				施肥(每三个月一次)								
病虫害				叶螨、介壳虫								
繁 殖				分株								

观叶植物

果子蔓属

分株的方法

花开之后，新芽从下方叶片的侧部长出，形成子株。

1

把叶片向下按压，露出子株的基部，用剪刀或刀片切下子株的根部。

2

利用事先浸泡在水中并已充分吸水的水苔包裹子株的切口。

3

放入盆中，利用水苔固定以防止其晃动。在管理时需保持水苔含水的状态。一个月左右会发根，这时换种到观叶植物用土中。把裹有水苔的子株放入盆中，周围用土填埋起来。

Q 进行了分株繁殖，但没有开花。这是为什么？

A 果子蔓只有在分株三四年之后，待植株生长得很苗壮才会开花。开花虽然是在春季，但市场上出售的是几乎全年都会开花的种类。这是因为商家对植株实施了促进开花的处理。在家中我们也能够实施同样的处理。在进行处理时，需采用具有20片叶片以上的植株。较小的植株上开出的花比较瘦小。

1

叶片长到20片左右之后，实施促进开花的处理。把植株和苹果一起放入塑料袋。

2

每天更换一次袋中的空气，重复五天，大约三个月之后就会开花。

栉花竹芋属

Ctenanthe

Data

| 科 名 : 竹芋科 |
| 别 名 : 无 |
| 原产地 : 巴西、哥斯达黎加 |

耐阴性	☑有	□普通	□无
耐寒性	□有	□普通	☑无
干 燥	□强	□普通	☑弱

栉花竹芋属·
栉花竹芋
C. burle-marxii

栉花竹芋在巴西、哥斯达黎加有 10 种左右，它的特征是具有大理石纹或箭羽形状的花纹。栉花竹芋与肖竹芋（▶P52）种类相近，也有外观与竹芋相似的种类。

栉花竹芋在受到阳光直射时，叶片卷曲，所以要在明亮的遮阴处管理。这种植物不耐干燥，因此在干燥的季节需向叶片喷水保持湿度。

如果在叶片长有花纹的种类中发现了没有花纹的叶片，那么请立即从根部摘掉这样的叶片。这是因为没有花纹的叶片比有花纹的叶片生命力要旺盛，放置不管的话，有花纹的叶片会逐渐不再生长。

优质养护的诀窍

摆放场所

不能受到阳光直射，需全年放置在明亮的遮阴处。
冬 : 需 10℃以上的温度，所以可放置在室内温暖的场所。

浇 水

春秋 : 待盆土干燥之后大量浇水。
夏 : 每天浇水，也给叶片喷水。
冬 : 保持稍微干燥的状态进行管理，干燥时给叶片喷水。

肥 料

春夏秋 : 每两个月在盆土上面施一次迟效性固体肥料。
冬 : 不施肥。

病虫害

全年都会发生介壳虫、叶螨等虫害。

繁 殖

春夏 : 5月中旬至7月下旬通过分株或扦插进行繁殖。适宜换盆的时期为5月中旬至8月中旬。

	1月	2月	3月	4月	5月	6月	7月	8月	9月	10月	11月	12月
摆放场所					明亮的遮阴处							
浇水	保持稍微干燥			土壤干燥后		每日		土壤干燥后		保持稍微干燥		
肥料				施肥(每两个月一次)								
病虫害				叶螨、介壳虫								
繁殖					分株、扦插							

观叶植物

栉花竹芋属

分株的方法

1

适宜分株的时期为5月中旬至7月下旬。把植株从盆中拔出,用园艺铲把旧土铲掉三分之一至二分之一。

2

用剪刀把植株分为2~3株,剪掉受伤而变软变黑的根。

3

把每一株的叶片从根部剪掉二至三成。

4

在新的观叶植物用土中种植,大量浇水,放置在明亮无风的遮阴处进行管理。

观叶植物用土 —

换盆的方法

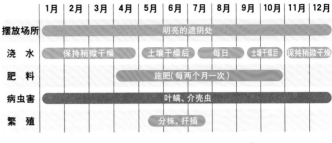

1

如果希望植株长得更高大,可以通过换盆实现。把植株从盆中拔出,去掉三分之一左右的旧土。

2

在比之前大一圈的盆中填入新的观叶植物用土,种入植株。种好之后,大量浇水。

— 观叶植物用土

Q 一直没有受到过阳光照射,叶片却卷曲了起来。

A 原因在于空气干燥而湿度不足。栉花竹芋喜湿,在冬季或在使用空调的室内空气变得干燥时,需对叶片浇水,保持空气中的湿度。不仅要对叶片喷水,也要对茎大量喷水。

朱蕉属

Cordyline

Data	
科 名 :	百合科
别 名 :	千年木、红色龙血树
原产地 :	东南亚~澳大利亚、新西兰

耐阴性	□有	☑普通	□无
耐寒性	□有	☑普通	□无
干 燥	□强	☑普通	□弱

朱蕉属·紫叶朱蕉
C. terminalis

优质养护的诀窍

摆放场所

全年放置在向阳处最佳,但要避免盛夏阳光的直射。
春夏:在室内则放置在阳光透过玻璃窗照射到的地方。夏季放置在明亮遮阴处。
秋冬:需5℃以上的温度。在冬季不结冰的地区,放在屋檐下等室外场所也能够越冬,但置于光照好的室内更为放心。

浇 水

春秋:待盆土干燥之后大量浇水。
夏:每天浇水,也需对叶片喷水,保持高温多湿的状态。
冬:进入早春之前保持稍微干燥的状态。

肥 料

春夏秋:每两个月在盆土上面施一次迟效性固体肥料。
冬:不施肥。

病虫害

春夏秋:需注意介壳虫、叶螨或蛞蝓。发现之后立即播撒药剂,尽早驱除。

繁 殖

春夏:通过扦插或根插进行繁殖。适宜换盆的时期为5月中旬至8月上旬。

朱蕉的叶片色彩鲜艳,还会被用作草裙舞的服装,因此颇具特色。叶片的形状和生长方式、整体格调与龙血树属(▶ P84)相似,不过朱蕉具有肥厚的地下茎,在这一点上与百合竹不同。切下地下茎,插入土中或水苔中,则能够发芽发根进行繁殖。新芽和叶片背面容易受到介壳虫危害,发现之后需立即驱除。为了预防叶螨,需对叶片喷水或者用柔软的湿布擦拭叶片,以防止干燥。

扦
插
的
方
法

	1月	2月	3月	4月	5月	6月	7月	8月	9月	10月	11月	12月
摆放场所		光照好的室内						明亮的遮阴处		光照好的室内		
浇水	保持稍微干燥			土壤干燥后			每日		土壤干燥后		保持稍微干燥	
肥料				施肥(每两个月一次)								
病虫害				叶螨、介壳虫、蛞蝓								
繁殖					扦插、根插							

观
叶
植
物

朱
蕉
属

适宜扦插的时期为5-7月。下方叶片掉落，外形不美观时，把茎切短，进行扦插或根插。

1

把茎的下部保留10cm左右进行剪切。

2

剪切之后，把上部留出2~3节并与下部剪切开来，作为插穗。因为是把没有叶只有茎的部分作为插穗，所以要记住茎的上下方向。

3 2 1节

3

用手把带叶片的插穗的下方叶片掰掉一半左右。

4

为了防止带叶片的插穗蒸腾，用橡皮圈或绳子把叶片归拢在一起。

橡皮圈

上

下

5

把插穗插到扦插用土中。注意不要使没有叶只有茎的部分上下颠倒。

6

插好之后大量浇水。从茎插的植株长出几片新芽之后，把它们单独种植。需使用观叶植物用土，为了优化排水，也可以在盆底铺上较大的赤玉土。

Q 叶色变差，这是为什么？

A 朱蕉的魅力在于颜色美丽的新芽，随着叶子老去，叶色会褪去。为了使它长出更多美丽的叶以供观赏，发出新芽尤为重要。在生长期施肥，在盆对于植株而言空间变小之后换盆，重新整理盆内环境。

Q 观叶植物在室外也能养护吗？

A 从逐渐变暖的初夏到秋季，观叶植物在室外会比在室内养得更健康，所以在阳台养护比较好。不过，如果突然受到阳光直射，叶片会被晒焦，变为茶色并枯萎，所以最好花一周的时间使植物一点点地适应明亮的地方。明亮的遮阴处最佳。

雪铁芋属

Zamioculcas zamiifolia

Data

科　名	天南星科
别　名	金钱树
原产地	非洲

耐阴性	☑有	□普通	□无
耐寒性	□有	□普通	☑无
干　燥	☑强	□普通	□弱

雪铁芋

优质养护的诀窍

摆放场所

虽然具有耐阴性，但如果有光照会生长得更健康。避开直射日光。最好全年摆放在通风好的地方。
春夏秋：室内的话，置于阳光透过蕾丝窗帘照射到的地方；室外的话，可以放置在明亮的遮阴处。

浇　水

春夏秋：由于耐受干燥、不耐受过湿的环境，所以要在盆土完全干了之后再大量浇水。
冬：保持盆土稍微干燥来管理。

肥　料

春夏秋：每两周左右施一次速效性液体肥料。
冬：不施肥。

病虫害

春夏秋：注意介壳虫。发现之后立即驱除。

繁　殖

春：通过分株或扦插、叶插进行繁殖。分株时，用刀片把地中的块茎切开，然后种到新土中。适宜换盆的时期为5-6月。

雪铁芋虽然与观音莲和魔芋种类相近，但它生长在热带非洲的干燥地区，在地下有芋状的块茎，从块茎长出肥厚的叶片。雪铁芋的叶子虽然是羽状复叶，但其实是一片叶子形成较深的缺口而分成了诸多小叶。看上去像茎的部分是叶轴，长在叶轴上的是小叶。

作为一属一种的特殊植物，雪铁芋具有独特的性质，如果把带叶轴的小叶插入土中，会在地下生成块茎并生根。短短的花葶会直接从地下的块茎长出，花在较低的位置开放。

扦插的方法

	1月	2月	3月	4月	5月	6月	7月	8月	9月	10月	11月	12月
摆放场所	明亮的室内				室外或室内的窗边					明亮的室内		
浇水	保持稍微干燥			土壤干燥后							保持稍微干燥	
肥料					液肥(每两周一次)							
病虫害					介壳虫							
繁殖					分株、叶插							

观叶植物

雪铁芋属

① 扦插用的插穗使用剪成10cm左右长度的叶轴,摘掉下叶。

② 把插穗插到扦插用土中,注意不要使插穗的叶片彼此覆盖。大量浇水以后,放在不会被雨淋到的地方管理,发出新叶之后,移栽到新的观叶植物用土中。

叶插的方法

① 在进行叶插时,留下少许叶轴,剪下小叶。

② 把小叶插到扦插用土中时,小叶埋进三分之一左右。发出新芽开始长出几片叶子之后,把叶片分别移栽到新的观叶植物用土中。

平时的养护

摆放在室内叶片上会积灰。为了保持肥厚的叶片具有美丽的光泽,用润湿的软布擦拭叶片表面,或者把盆倾斜用花洒进行冲洗。

Q 叶轴从根部倒下,这是为什么?

A 原因在于浇水过多导致烂根。雪铁芋在地下有块茎,所以是一种非常耐干燥的植物。浇水的时候,用手触摸盆土,确认是否干燥,盆整体变轻了再浇水。叶轴倒下可能是因为已经腐烂。腐烂会变软,所以可触摸确认一下。腐烂的部分请全部切除,然后把植株换盆种植。将剩下的小叶通过叶插来繁殖新的植株也是不错的做法。

虎尾兰属

Sansevieria

Data

科　名	百合科
别　名	千岁兰、虎皮兰、虎尾掌
原产地	非洲

耐阴性	□有	□普通	☑无
耐寒性	□有	☑普通	□无
干　燥	☑强	□普通	□弱

虎尾兰属·棒叶虎尾兰
S. cylindrica

虎尾兰属具有净化空气的效果，作为能够缓解人们压力的植物而颇受欢迎。有的品种具有横走的地下茎，肉质叶片直立生长；有的品种叶片以莲座状或扇状扩展。虎皮兰的剑状叶片上长有黄色带状和绿色云状斑纹，这也是虎尾兰属中最畅销的种类。

虎尾兰属耐干燥和夏季的暑热，比较容易养护，但是不耐多湿的环境。有时候地下茎会膨大撑破花盆，所以至少三年换一次盆。

优质养护的诀窍

摆放场所

不耐阴，光线较弱会导致植株软弱，所以要尽量使植株受到阳光照射。
春夏秋：阳光照射到的场所。
冬：棒叶虎尾兰在3℃以上、虎皮兰在10℃以上就能越冬。摆放在室内光照好的地方。

浇　水

春夏秋：虽然耐干燥，但由于生育期发根，所以要在盆土干燥之后大量浇水。
冬：虎皮兰不需要浇水，棒叶虎尾兰在盆土完全干燥之后再浇水。

肥　料

春夏：每两个月在盆土上施一次迟效性固体肥料。

病虫害

春夏秋：需注意介壳虫。时常进行确认，发生虫害时，在植株基部播撒药剂驱除。

繁　殖

春夏：5-7月通过叶插、分株进行繁殖。适宜换盆的时期为4月下旬至9月。

	1月	2月	3月	4月	5月	6月	7月	8月	9月	10月	11月	12月
摆放场所	光照好的室内					光照好的场所					光照好的室内	
浇水	保持稍微干燥					土壤干燥后					保持稍微干燥	
肥料			施肥(每两个月一次)									
病虫害				介壳虫								
繁殖						叶插、分株						

观叶植物

虎尾兰属

金边短叶虎尾兰·"Golden Hahnii"

S.trifasciata 'Golden Hahnii'

图片为具有斑纹的品种"Hahnii",叶片上有黄色镶边花纹。

长有斑纹的品种有时纹路会消失,如需大量繁殖,叶插是比较简单的方法。

叶插的方法

1 从根部剪下用于叶插繁殖的叶子。

2 用剪刀把叶子剪成5~10cm的几段。

5~10cm

上

下

3 在明亮的遮阴处放置2~3天,使切口干燥。注意不要忘记叶子的上下方向。

4 切口干了之后插入插条专用土中。斜插不易倾倒。注意不要颠倒上下方向。

5 插好之后大量浇水,土壤干燥之后大量浇水。放置在明亮的遮阴处管理,发出新芽之后,分别把每段叶子换种到小盆中。

Q 据说冬季不可以浇水,这是为什么?

A 虎皮兰不耐寒,冬季浇水会导致叶子继续从根部倒下、枯萎。虎皮兰只要有3℃的环境就能够稳妥越冬,所以盆土干燥之后再浇水是不会枯萎的。

Q 对棒叶虎尾兰进行了插叶繁殖,但叶片横向伸展,不直立生长。

A 棒叶虎尾兰的变种"佛手虎尾兰"具有叶片横向伸展的性质。随着生长而从地下茎生出子株,子株并不横向生长,而是向上或斜向上长叶。这种情况分株繁殖比较好。

鹅掌柴属

Schefflera

Data
科　名:五加科
别　名:鸭掌木、鹅掌木
原产地:中国南部地区、中国台湾

耐阴性	☑有	□普通	□无
耐寒性	☑有	□普通	□无
干　燥	☑强	□普通	□弱

鹅掌柴属·
鹅掌藤"香港"
S. arboricola
'Hong Kong'

优质养护的诀窍

摆放场所

由于具有较强的耐阴性,所以并不拘泥于摆放场所。不过,如果希望树形养护得规整美观,最好有光照。长期光照不足会导致枝节徒长,姿态纤弱。
春夏秋:光照好的地方。
冬:很耐寒,能够耐受0℃左右的温度,但不能经受霜打。最好放置在室内光照好的地方。

浇　水

春夏秋:待盆土表面干燥之后浇水。盛夏时期可以每天浇水。落叶是水分不足的征兆。
冬:冬季水不易干,所以要减少浇水。干燥时给叶片喷水。

肥　料

春夏秋:每两个月在盆土上施一次迟效性固体肥料。但施肥过量会导致树形杂乱,需要注意。

病虫害

春夏秋:易生叶螨、介壳虫、蚜虫。发现之后播撒药剂驱除。

繁　殖

春夏:通过插条或压条进行繁殖。适宜换盆的时期为5—9月。

鹅掌柴属植物粗壮,生长快,容易养护,所以非常受欢迎。在日本关东等地也能够看到在室外养护的开花或结果的大型鹅掌柴。人们通常将它们作为大型植株养护,但由于聚集在枝头长出的叶片较小,所以也作为迷你观叶或水培绿植而受欢迎。
鹅掌藤也有许多园艺品种,其中,"香港"较为常见。鹅掌柴有时也被称作"kapok(木棉)",但原本的kapok(木棉)是属于锦葵科的另一种植物。

插条的方法

	1月	2月	3月	4月	5月	6月	7月	8月	9月	10月	11月	12月
摆放场所	光照好的室内			光照好的场所							有阳光照射的室内	
浇水	保持稍微干燥			土壤干燥后		每日		土壤干燥后		保持稍微干燥		
肥料				施肥(每两个月一次)								
病虫害				叶螨、介壳虫、蚜虫								
繁殖				插条、压条								

1

从饱满的枝条顶端剪下15~20cm。

2

把在步骤1中剪下的枝条剪成两部分。针对靠下的部分(A),把长在最下部的茎剪掉,只留两根细茎。靠上的部分(B)在枝条顶端长有新叶,被称作"天然芽"。

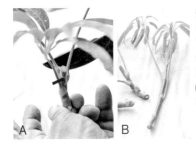

A　　B

3

把A的叶片剪掉一半用作插穗。B保持原状用作插穗。

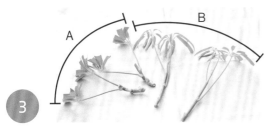

A　　　　B

A

4

为了促进插条后发根,在插穗的切口处涂上发根促进剂。

5

插入清洁的插条用土中。插的时候注意不要使A和B各自的叶片过于紧凑。

6

插好之后大量浇水,土壤干燥后再浇水,放在遮阴处管理。从茎部长出新芽之后,使用观叶植物用土,分别换种到其他盆中。

Q 叶片变黄掉落,这是为什么?

A 这要根据不同的情况来判断。局部变色的状况是由叶螨导致的,需播撒药剂驱虫。整体变色的状况是因干燥导致的。大量浇水的同时,用喷雾器给叶片喷水。把已变色的叶片从根部剪掉。

Q 鹅掌柴长得太高该怎么办呢?

A 由于鹅掌柴生长较快,放置不管很快就会长得很高大,因此,以全长三分之一左右的比例修剪过高的部分。一个月左右发出新芽。剪下的枝条能够通过插条来繁殖。

白粉藤属

Cissus

Data

科　名	葡萄科
别　名	葡萄藤、艾伦·丹妮卡
原产地	非洲、亚洲

耐阴性	☑有	□普通	□无
耐寒性	□有	☑普通	□无
干　燥	□强	☑普通	□弱

白粉藤属·菱叶白粉藤
C. rhombifolia

优质养护的诀窍

摆放场所

喜日照，但锦叶葡萄需避日光直射。

春秋：虽然具有耐阴性，但在光照好的地方养护会茁壮美观。

夏：最好是光照好的地方。

冬：因种类而异，但普通的种类只要有5℃的环境温度即可。摆放在室内，接受透过玻璃的光照。

浇　水

春秋：盆表面干了之后浇水。

夏：每天浇水。

冬：保持稍微干燥。

肥　料

春夏秋：每两个月在盆土上施一次迟效性固体肥料。

病虫害

春夏秋：注意叶螨、介壳虫、卷蛾。发生虫害后，播撒药剂驱除。

繁　殖

春夏：通过插条进行繁殖。适宜换盆的时期为5月中旬至8月。

与白粉藤属同类的植物原产于热带和温带地区，有常绿型和落叶型。种类也较多，茎既有以蔓状生长的种类，也有以多肉状生长的种类，每种都叶片长势好且量大，所以适合以悬吊等方式观赏。近来无土栽培的类型（▶P28）也很有人气。根据种类的不同，越冬的温度不同，锦叶葡萄（▶P68）最低需要10℃的环境温度。如果温度不够，则减少浇水，使土壤干燥，暖和之后再浇水，如此会长出新叶。

	1月	2月	3月	4月	5月	6月	7月	8月	9月	10月	11月	12月
摆放场所	光照好的室内			光照好的场所							有阳光照射的室内	
浇 水	保持稍微干燥			土壤干燥后		每日			土壤干燥后		保持稍微干燥	
肥 料					施肥(每两个月一次)							
病虫害						叶螨、介壳虫、卷蛾						
繁 殖						插条						

观叶植物

白粉藤属

插条的方法

1

对于藤茎长长、姿态开始变杂乱的植株，从靠近根部的地方把冗长的藤茎剪下。

└── 1cm

2

把剪下的藤茎剪切为几段，每段长度10cm左右。剪切需在节下1cm的地方进行。

3

把下方叶片从基部剪下，在上方减少叶数，把3片叶子中间的那片剪掉。

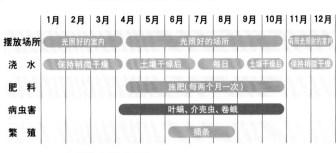

4

把较大的叶片切掉一半，用作插穗。

5

在插穗的切口涂上发根促进剂。

6

插入清洁的插条用土中，注意不要使各叶片过于紧凑。插好之后大量浇水，土干了之后再浇水，放置在遮阴处管理。长出新芽之后，使用观叶植物用土，分别换种到其他盆中。

Q 一直坚持浇水，藤茎却长不长，叶子也没有精神。

A 这是根处于无法吸收水分的状态导致的。在春季至夏季期间换种到新土中。把植株从盆中拔出，抖落下方一半左右的土，剪掉受伤变色的根系，然后换种到观叶植物用土中。

Q 叶子不断掉落，这是为什么?

A 原因在于生长期水分不足，或者相反地，因盆中有积水、状态过湿而导致。此外，如果根在盆中长满并且从盆底伸出，那么在该状态下，落叶的原因为根系的问题。在春季至夏季时节，把根土结成的团掰碎少许，换种到新土中。

南极白粉藤

C.antarctica

别名：袋鼠藤

原产于澳大利亚东部，放置在室内温暖的地方即可越冬。

锦叶葡萄

C.discolor

别名：变色白粉藤

细长的心形叶片是这种植物的魅力所在，原产于热带地区，越冬的温度不能低于10℃，因此，在温度不足时，控制浇水，保持稍微干燥的状态，以使植株越冬。

菱叶白粉藤"艾伦·丹妮卡"

C. rhombifolia 'Elen Danica'

这是市场上流通较多的品种，叶片上深深的齿形缺口是它的一个特征。冬季的环境在5℃以上即可越冬。

白粉藤属植物的同类

葡萄树

Parthenocissus sp.

优质养护的诀窍

葡萄树是一种与白粉藤相近的植物，同属葡萄科，生有五片椭圆形的小叶，茎以蔓状伸长。葡萄树也容易与其他植物组盆，所以很受欢迎。

葡萄树虽然具有耐阴性，但如果一直放置在阴暗的地方，会导致节间伸长，所以需在春季至秋季时常照射阳光。春秋季节在盆土干燥之后浇水，夏季在盆土干燥之前进行。温度只要在0℃以上就能够越冬，所以冬季放置在明亮的窗边使植株接受充足的光照，并减少浇水，保持干燥。

玲珑冷水花

Pilea depressa　别名：扁冷水花、婴儿泪

喜高温多湿。在春季至秋季时节，待盆土表面干燥之后大量浇水，夏季还需用莲蓬头或喷雾器给叶片表面喷水。由于不耐寒，所以冬季要保持5℃以上的室内温度。

葡萄树与玲珑冷水花的组盆

1 从塑料盆中拔出植株，把根土结成的团上部的土抖落少许，同时把整个团块一半左右的土去掉。

2 向有一定高度的盆中倒入约一半混合土（赤玉土、腐叶土、日向砂的比例为2∶1∶0.5）。

3 把植株栽入盆中。

4 向缝隙中填土。向细部填土时，使用小勺比较好。

5 用细棒戳土，使土壤流入植株和根系缝隙中，如此一来，土壤整体上填得比较均匀。注意不要损伤根系。

6 藤蔓交织在一起时，轻轻地理顺，并大量浇水。

莎草属

Cyperus

风车草
C. alternifolius

Data

科　名:莎草科
别　名:纸草、纸莎草
原产地:热带～温带

	有	普通	无
耐阴性	☐	☑	☐
耐寒性	☑	☐	☐

	强	普通	弱
干　燥	☐	☑	☐

优质养护的诀窍

摆放场所

虽然具有耐阴性,但最好全年摆放在光照好的地方。
春夏秋:在室外接受充足的阳光照射会长得更茁壮。不过,一般市场流通的植株大多为温室培养,购入之后突然接受阳光直射会受损。
冬:需要0℃的环境,不过,在日本关东以西较温暖的地区,也能够在室外越冬。

浇　水

春夏秋:初秋时节之前,每天浇水,防止盆土变干。
冬:盆土表面干燥之后浇水。

肥　料

春夏秋:生长期在盆土上施1~2次迟效性固体肥料。
冬:不施肥。

病虫害

春夏秋:生长期会在根系生介壳虫。春季换盆时播撒药剂驱除。

繁　殖

春夏:通过分株或插条进行繁殖。适宜换盆的时期为4月下旬至9月。

莎草属喜水边,姿态纤细清爽,是一种适合夏季的植物。它与日本本土生长的具芒碎米莎草是同类,不过,被作为观叶植物出售的是纸莎草和风车草,它们的主要原产地为非洲。纸莎草作为造纸原材料而被熟知,也被称作纸草。

莎草属具有耐阴性,不拘泥于放置场所,不过,光照好的地方会使它生长得更健康。莎草属观赏方式多样,可以把每一盆植株浸在水盘或水槽中,或者以无土方式养护。

	1月	2月	3月	4月	5月	6月	7月	8月	9月	10月	11月	12月
摆放场所	光照好的室内				光照好的场所						明亮的室内	
浇 水	土壤干燥后				每日						土壤干燥后	
肥 料				施肥(1~2次)								
病虫害				介壳虫								
繁 殖				分株、插条								

右侧竖排：观叶植物　莎草属

在水中养护的方法

1

在水槽中放入花盆，向水槽中加水，直到盆和水平面的高度大致相同。水温在20~25℃较为合适，所以应注意水温不要过高。

2

如果植株较高，容易倒下，可以立一根支柱。把支柱插到盆底，用绳子或铁丝固定在茎上。

固定
支柱

换盆的方法

1

把已长高的植株从盆中拔出，掰碎根土结成的团，抖落旧土，分成两半。

2

考虑到茶色的新芽伸出的方向，把植株种在大一圈的盆中。在盆底铺上较大的赤玉土，以使用观叶植物用土为佳。

新芽
观叶植物用土
较大的赤玉土

Q 叶片变成了茶色，这是为什么？

A 原因可能是受了寒。莎草属虽然比较耐寒，但遭受霜雪时，茎和叶会枯萎。把枯萎的茎叶从根部剪掉，并把植株移动到室内。待到4月变暖时，换种到新土中，使植株重生。

Q 虽然发出了新芽，但没怎么长。

A 原因在于盆中长满了根，引起了根系涩滞。在该情况下，根系功能变差，养分无法输送到新芽。对于已长得较大的植株，使用新土换盆种植为佳。

合果芋属

Syngonium

Data

科　名：天南星科

别　名：剪叶芋

原产地：非洲

耐阴性	☑有	□普通	□无
耐寒性	☑有	□普通	□无
干　燥	□强	☑普通	□弱

合果芋属·合果芋"白蝴蝶"
S. podophyllum'White Butterfly'

优质养护的诀窍

摆放场所

全年摆放在明亮的遮阴处管理，以防止叶片被晒焦。

春夏秋：明亮的遮阴处。

冬：需要5℃以上的环境。最好是明亮温暖的室内，白天尽量使植株被透过窗户的阳光照射。

浇　水

春夏秋：待盆土干燥之后，大量浇水。盛夏时期每天浇水。合果芋属喜高温多湿，因此也要给叶片喷水。

冬：保持稍微干燥。在干燥的状态下给叶片喷水。

肥　料

春夏秋：每10天施一次速效性液体肥料。

冬：不施肥。

病虫害

春夏秋：注意叶螨、介壳虫。如果发生了虫害，播撒药剂驱除。发介壳虫时，用牙刷把虫子刷掉，注意不要损伤叶片。

繁　殖

春夏：通过插条、分株进行繁殖。适宜换盆的时期为5-9月。

合果芋属是一种蔓生性植物，叶片有戟形和心形，给人一种清爽的印象。它在中美洲至南美洲地区生长有 35 种左右，不过，作为观叶植物而在市场流通的主要是合果芋及其园艺品种。合果芋属具有耐阴性，在阳光下养护会使叶片密集，姿态紧凑。作为盆栽绿植出售的通常为年轻植株的幼叶。戟形或心形的幼叶伴随着生长而多处分裂，变成像鸟足一样的形状。叶片颜色也各自发生变化。

观叶植物

合果芋属

插条的方法

	1月	2月	3月	4月	5月	6月	7月	8月	9月	10月	11月	12月
摆放场所	光照好的室内			明亮的遮阴处						光照好的室内		
浇水	保持稍微干燥			土壤干燥后			每日		土壤干燥后		干燥(休眠)	
肥料				液肥(每10天一次)								
病虫害			叶螨、介壳虫									
繁殖					插条、分株							

把下部叶片已掉落的植株的旧枝剪掉，把修剪后留下来的枝用作插条。

1 剪切茎部，留下植株三分之一左右的高度。如果发出了新芽，就在芽的上方剪切。

新芽

2 在长出气生根的情况下，于距离茎部1~2cm长的地方进行剪切。

1~2cm

3 摘掉已损伤的叶子。

4 将植物插入清洁的水或插条用土中。在水插繁殖的情况下，发根之后将其移种到土中。在插条繁殖的情况下，大量浇水，长出新芽之后，换种到盆中养护。

平时的养护

合果芋属不喜干燥，所以要勤用喷雾器给叶片喷水。

叶片落满灰尘时，用湿布擦掉即可。

Q 叶片形状发生了变化，这是为什么？

A 通常市场上流通的合果芋是幼叶，所以叶片会随着生长而多处分裂，叶片花纹也逐渐模糊。可以保持原样，但如果希望观赏美丽的叶片，可通过插条使植株再生。

鹤望兰属

Data

科　名	芭蕉科
别　名	极乐鸟花
原产地	南部非洲

耐阴性	□有	□普通	☑无
耐寒性	☑有	□普通	□无
干　燥	☑强	□普通	□弱

Strelitzia

鹤望兰属·鹤望兰
S. reginae

这是一种大型多年生草本植物，地下生有多肉质根，从根部生长叶轴，叶轴的顶端生有椭圆形叶。市场流通较多的鹤望兰的花形使人联想到栖息于巴布亚新几内亚的极乐鸟，所以也被称作极乐鸟花。尼古拉鹤望兰叶片比鹤望兰大，充满热带风情，广受欢迎。在光照稍差的地方养护也不会枯萎，但因为鹤望兰属本性喜光照，盛夏时期使植株充分接受阳光照射吧，这样会令鹤望兰长得更加茁壮。

优质养护的诀窍

摆放场所

春夏：全年都需时常照射阳光。
秋冬：只要有0℃即可，最好摆放在阳光透过玻璃照射到的室内进行管理。在温暖的地区，放置在室外也能越冬，但要注意不要使植株经受霜或雪。

浇　水

鹤望兰属具有多肉质的根，所以比较耐干燥。浇水过度会导致根部膨大，撑破花盆，抬起花盆的时候要小心。
春夏秋：待盆土干燥之后浇水。夏季也要给叶片喷水。
冬：保持稍微干燥。在室内养护时，减少浇水。

肥　料

春夏秋：每2~3个月在盆土上施一次迟效性固体肥料。
冬：不施肥。

病虫害

春夏秋：春季至初秋注意介壳虫、蚜虫。发现之后用莲蓬头或胶皮管中喷出的水进行冲洗，并播撒药剂。

繁　殖

春夏：通过分株进行繁殖。适宜换盆的时期为5月中旬至9月。

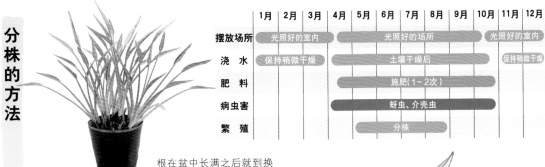

	1月	2月	3月	4月	5月	6月	7月	8月	9月	10月	11月	12月
摆放场所	光照好的室内				光照好的场所						光照好的室内	
浇 水	保持稍微干燥				土壤干燥后						保持稍微干燥	
肥 料					施肥(1~2次)							
病虫害					蚜虫、介壳虫							
繁 殖					分株							

观叶植物

鹤望兰属

分株的方法

根在盆中长满之后就到换盆的时期了。

1

植株生根较多，难以从盆中拔出时，对于较软的盆，可以用脚踩扁，这样就能拔出。如果是硬质的盆，用锤子敲碎。

2

用锯或刀把植株分为2~3株。

3

把根土结成的团的下部也切掉三分之一左右。如果有受伤变色的根，也需剪掉。

4

从根部切掉几片叶子，种到新土中。需使用观叶植物用土，为了排水顺畅，也可以在盆底铺上较大的赤玉土。

5 分株繁殖之后大量浇水，之后如往常一样管理。

驱除害虫的方法

叶片上附着很多白色的东西，很有可能是介壳虫。如果数量不多，可以用牙刷刷掉。数量较多时，必须用介壳虫专用的药剂进行驱除，因为普通药剂难以对介壳虫起作用。

尼古拉鹤望兰

S.nicolai

别名：大鹤望兰

尼古拉鹤望兰会长得很高大，也能够作为室内的观赏树。

Q 叶子没有精神，并且生了根这该怎么办呢?

A 原因是根系腐烂。如果是春季至秋季请立即换盆种植。把受损变色的根换种到清洁的观叶植物用土中少浇水，放置在不易受风吹的半行养护。

白鹤芋属

Spathiphyllum

Data

科　名	天南星科
别　名	白掌、苞叶芋、一帆风顺
原产地	热带美洲、东南亚

	有	普通	无
耐阴性	☐	☑	☐
耐寒性	☐	☑	☐

	强	普通	弱
干　燥	☐	☑	☐

close up

白鹤芋园艺品种
Spathiphyllum cv.

……在于，它具有充满光泽的绿叶和长长的花葶顶……的佛焰苞。白鹤芋原产于光照好并稍微潮湿……长。佛焰苞最初开放时为白色，随后逐渐……不管的话，植株会结出种子并变弱，所以，……时将其从花葶的根部剪下来。

……如果使用蕾丝窗帘等半遮挡物巧妙地……一整年开花。

……皱。

……时节，……切除，……22）。减……阴处进……

优质养护的诀窍

摆放场所

如果全年摆放在光照差的场所，那么很难开花。
春夏：在明亮的遮阴处管理。
秋冬：放置在明亮温暖的室内。越冬需要5℃以上的温度，白天尽量使植株照射透过窗户的光。

浇　水

春秋：待盆土干燥后浇水。
夏：每天在盆土干燥前浇水。为了保持湿度，也对叶片喷水。
冬：在盆土干燥几天之后再浇水。保持稍微干燥的状态进行管理。

肥　料

春夏秋：每两个月在盆土上施一次迟效性固体肥料。
冬：不施肥。

病虫害

春夏秋：注意叶螨、介壳虫、蚜虫、蛞蝓。虫害发生后，播撒药剂驱除。

繁　殖

春夏秋：通过分株进行繁殖。适宜换盆的日期为5月中旬至8月。

	1月	2月	3月	4月	5月	6月	7月	8月	9月	10月	11月	12月
摆放场所	光照好的室内				明亮的遮阴处					光照好的室内		
浇 水	保持稍微干燥			土壤干燥后			每日		土壤干燥后	保持稍微干燥		
肥 料					施肥(每两个月一次)							
病虫害					叶螨、介壳虫、蚜虫、蛞蝓							
繁 殖					分株							

观叶植物

白鹤芋属

平时的养护

佛焰苞变为绿色之后，把花葶从根部剪下。如果放置不管，植株会结出种子并变弱。

分株的方法

弃置未管的植株已在盆中长满根系，有的叶子已经枯萎。

用剪刀剪开缠绕的根系，分开母株和子株。

图片中为母株和分成小份的子株。

①

从根部去掉枯萎的下部叶片和已受损的叶片。

②

从盆中拔出植株，用手掰开土壤，掰碎根土结成的团。

⑤

把各棵植株种到观叶植物用土中。为了排水顺畅，也可以在盆底铺上较大的赤玉土。分株繁殖之后大量浇水，然后如往常一样管理。

Q **叶尖变黑了。这是为什么？**

A 原因在于根系受损。生长旺盛的白鹤芋属经过1~2年，根系就会在盆中长满。春季至夏季期间同时进行换盆和分株会比较好。

Q **为什么白鹤芋不开花？**

A 白鹤芋属没有阳光照射的话就不会开花。所以在明亮的地方养护吧。不过，由于夏季的直射阳光过于强烈，所以需将植物移动到明亮的遮阴处，或者对其进行遮挡来调节光照。室内的话最适合摆放在阳光透过蕾丝窗帘照射到的窗边。

卷柏属

Selaginella

Data

科 名：	卷柏科
别 名：	洋种还魂草、座垫苔藓
原产地：	全世界

耐阴性	☑有	□普通	□无
耐寒性	☑有	□普通	□无
干 燥	□强	□普通	☑弱

卷柏
Selaginella sp.

优质养护的诀窍

摆放场所

卷柏属虽然具有耐阴性，但如果长期放置在阴暗的地方，叶色会变差。全年都能够在室外对其进行管理。

春夏秋：避开阳光直射，摆放在通风较好且明亮的遮阴处。

冬：很多种类在室外也完全能越冬，但最好的摆放场所是室内阳光透过蕾丝窗帘照射到的窗边。

浇 水

春秋：在盆土基本干燥之后大量浇水。

夏：每天在盆土干燥之前浇水，但在不耐受闷热的环境中需要注意。空气中湿度较高时生长较好，但也要给叶片喷水。

肥 料

春夏秋：每三个月在盆土上施一次迟效性固体肥料。

冬：不施肥。

病虫害

春夏秋：注意叶螨。虫害发生后，播撒药剂驱除。

繁 殖

春夏：春季至初夏时节通过芽插和分株进行繁殖。在芽插繁殖时，切下5cm左右年轻健康的茎部，插到插条用土中。适宜换盆的时期为4-6月。

卷柏属与还魂草为同类，自日本江户时代起，卷柏属便作为古典园艺植物的种类之一而为人们所喜爱。柔软的绿叶繁茂密集，市场上也将其称作"座垫苔藓"，但实际上卷柏属不是苔藓（moss），而是蕨类植物。

在室外，卷柏属被用作覆盖地面植物，也能够在组盆的观叶植物中被用作覆盖基部的材料，或者作为迷你观叶被用来观赏。在干燥的环境中，叶和茎会向内卷曲，浇水则会展开。所以需保持盆土始终潮湿，防止植物缺水。

受损的叶片

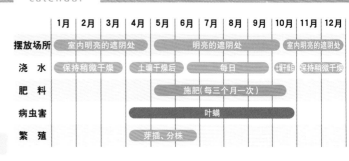

	1月	2月	3月	4月	5月	6月	7月	8月	9月	10月	11月	12月
摆放场所	室内明亮的遮阴处			明亮的遮阴处							室内明亮的遮阴处	
浇水	保持稍微干燥			土壤干燥后		每日				稍干燥	保持稍微干燥	
肥料				施肥(每三个月一次)								
病虫害				叶螨								
繁殖				芽插、分株								

观叶植物

卷柏属

平时的养护

因为卷柏属植物不耐干燥，所以要保持盆土不缺水的状态，夏季给叶片喷水。叶片变色损伤时，仅修剪去除受损的部分。

分株的方法

图中为盆中长满根系、枯枝等比较显眼的植株。

1

从盆中拔出植株，用剪刀把根土结成的团分为2～3个。

2

从根部剪掉枯萎和变色的茎。

3

捏住变色受损的根系将其去除。

4

把各棵植株种到新土中。使用市售的野草用土或观叶植物专用土来种植。

5

分株种植之后大量浇水，之后如往常一样管理。

Q 冬季该如何进行管理呢？

A 在气温下降时，户外养护的卷柏属叶子卷起，进入休眠。叶子开始卷曲时，不再浇水，使之休眠。摆放在室内时叶片不会卷曲，所以要在盆土干燥后浇水，防止水分不足。

Q 叶片增多，已经在盆中长满，换盆的方法是什么？

A 请把植株从盆中拔出，然后掰碎根土结成的团，抖落旧土。切除已经变色的老根，种到大一圈的盆中，也可以进行分株。种植时使用市售的野草用土较好。适宜换盆的时期为4-6月。

铁兰属

Tillandsia

Data

科　名	凤梨科
别　名	铁兰花、空凤、空气草
原产地	北美南部~南美

耐阴性	☑有	□普通	□无
耐寒性	☑有	□普通	□无
干　燥	☑强	□普通	□弱

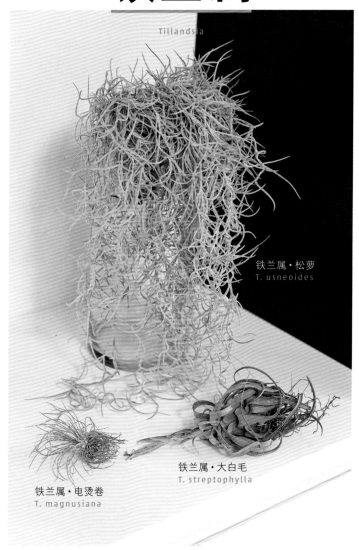

铁兰属·松萝
T. usneoides

铁兰属·大白毛
T. streptophylla

铁兰属·电烫卷
T. magnusiana

优质养护的诀窍

摆放场所

若在室内摆放，一整年没有阳光直射但明亮的遮阴处最佳。
春夏秋：明亮的遮阴处。也可以摆放在浴室，因为湿度较高。
冬：只要有0℃即可。在室内的窗边进行管理，注意防止干燥。冬季的浴室较冷，最好避开。

浇　水

春夏秋冬：每天用喷雾器向叶片喷一次水，保持叶片表面稍微湿润的程度。在因开冷气或暖气而干燥的房间内，增加喷雾的次数。如果不能喷雾，则通过浸水来补充水分。浇水过多会冲走附着于叶片的短毛，从而导致枯萎。

肥　料

不施肥。

病虫害

春夏秋：注意介壳虫。在干燥的场所也会产生介壳虫。

繁　殖

春夏：长出子株之后，切下子株进行分株繁殖。适宜繁殖的时期为4月下旬至9月下旬。

这是一种附生于树枝或岩石的植物，从空气中吸收水分和微量元素而生长，所以也被称作空气草。有的种类根系不发达，或者完全没有根系，利用附着于叶片的灰色、茶褐色或银白色的细小鳞片（毛状体）获取并吸收空气中的水分、养分。

铁兰属有很多种类，人们能观赏其美丽的花朵。这种植物耐干燥，所以全年每天都可以通过喷雾器浇水，以充分补给水分。不过，铁兰属不耐空调风吹，这点需要注意。另外，铁兰属不需要施肥。

浇水的方法

1

每天用喷雾器喷一次水。

2

如果不能每天用喷雾器喷水，则可以每10天浸一次水，把整个植株浸渍在室温的水中3~4小时。

3

浸水之后，把植株倒过来，防止在它的中心积水，然后将其悬吊在通风较好的地方。

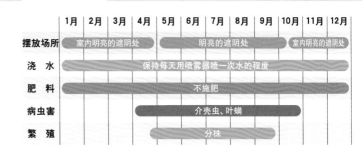

	1月	2月	3月	4月	5月	6月	7月	8月	9月	10月	11月	12月
摆放场所	室内明亮的遮阴处				明亮的遮阴处					室内明亮的遮阴处		
浇 水	保持每天用喷雾器喷一次水的程度											
肥 料	不施肥											
病虫害					介壳虫、叶螨							
繁 殖				分株								

观叶植物

铁兰属

铁兰属·勾苞铁兰

T. andreana

原产于哥伦比亚治委内瑞拉地区。叶长约5cm。细长的叶片长成球形。不耐低温。

铁兰属·粗糠

T. paleacea

原产于南美洲。茎一边伸长、分枝，一边生长。养护时需保持稍微干燥。

铁兰属·女王头

T. caput-medusae

原产于墨西哥至中美洲地区。叶长约14cm。弯曲生长。喜日照，高温期需做好通风。

铁兰属·多国花

T. stricta

原产于中南美洲。有短茎，叶长约14cm。养护得好的话，每年会开出粉色的花。

铁兰属·鸡毛掸子

T. tectorum

原产于中美至南美洲地区。叶片表面被羽毛覆盖是它的特征。耐干燥，需少浇水。

铁兰属·半红小精灵

T. ionantha

原产于中美洲。叶长约6cm。开紫色的花，开花时期叶片变红。

酒瓶兰属

Beaucarnea

Data

科　名	百合科
别　名	象腿树、马尾树
原产地	墨西哥

耐阴性	□有	☑普通	□无
耐寒性	☑有	□普通	□无
干　燥	☑强	□普通	□弱

酒瓶兰
Beaucarnea sp.

优质养护的诀窍

摆放场所

春夏秋：喜强光，春季至秋季需在室外充分接受阳光直射。

冬：如果在关东以西的温暖地区，能够摆放在室外越冬。如果是室内，摆放在光透过玻璃能照射到的地方。

浇　水

春夏秋：在野外生长于干燥地区，所以不耐过湿的环境。在盆土完全干燥之后再大量浇水。

冬：盆土干燥后，隔2~3天大量浇水。最好保持稍微干燥的状态。

肥　料

春夏秋：每两个月在盆土上施一次迟效性固体肥料。

冬：不施肥。

病虫害

春夏秋：容易遭受介壳虫的危害。发生虫害之后，播撒药剂驱除。

繁　殖

春夏：苗木在春季至夏季上市，所以从苗木开始种植，或者播种繁殖（实生）。适宜换盆的时期为5月上旬至9月下旬。

酒瓶兰属的茎干下部像日式酒壶一样圆鼓鼓的，这是它的特征。细长线状的叶片在根部密集生长，姿态下垂，使人联想到马尾，所以也被称作马尾树。

如果将其一直放置在遮阴处，圆鼓鼓的茎干会干瘪，所以春季至秋季要充分照射直射的阳光。酒瓶兰不耐受过湿的环境，所以要防止盆土潮湿的状态。在盆土干燥之后再大量浇水。酒瓶兰能长到约1.8m高，如果希望保持较小的树姿，最好把茎干从中间剪断再重新养护。

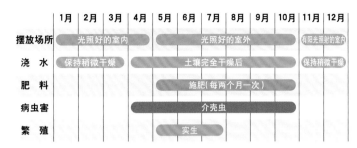

	1月	2月	3月	4月	5月	6月	7月	8月	9月	10月	11月	12月
摆放场所	光照好的室内				光照好的室外						有阴光照射的室内	
浇 水	保持稍微干燥				土壤完全干燥后						保持稍微干燥	
肥 料					施肥(每两个月一次)							
病虫害					介壳虫							
繁 殖					实生							

观叶植物

酒瓶兰属

长得过高时如何处理

长得过高时，在4-5月用锯子把茎干切断，重新养护。可以根据喜好决定切割位置。

2

过3~6个月之后，从切割位置的下部生出新芽。

3

整理新芽。仅留下上部的两三个芽，把其他芽摘除。

换盆的方法

从盆底孔看得到根系时即为换盆的时机。

1

把植株从盆中拔出,掰碎盆土结成的团,抖落旧土。切除腐烂变黑的根系。

2

准备一个大一圈的盆，填入土壤，轻轻地放入植株，把周围填入土。盆底铺大颗赤玉土会使排水顺畅。换盆之后大量浇水，直到水从盆底流出，然后如往常一样管理。

— 观叶植物用土

— 大颗赤玉土

Q 茎干没有膨大，怎样才能长成圆鼓鼓的酒瓶状？

A 原因在于光照不足。把植物挪到光照好的地方吧。移动时如果太突然，植株会因跟不上急剧改变的环境而落叶，所以，最好在一周左右的时间内，一点点地挪到明亮的地方。

Q 茎干像酒瓶的部分开始变得干瘪，这是为什么？

A 原因在于烂根。盆中过湿会损伤根系，因此，根系无法吸收水分和养分，开始使用贮存在膨大的茎干部分的养分。酒瓶兰是喜干燥的植物，所以要换种到排水好的土中，养护过程中需控制浇水量。

龙血树属

Dracaena

Data

科 名：百合科

别 名：万年竹

原产地：亚洲、非洲、美洲的热带地区

耐阴性	☑有	□普通	□无
耐寒性	□有	☑普通	□无
干 燥	□强	☑普通	□弱

百合竹"牙买加之歌"
D. reflexa 'Song of Jamaica'

优质养护的诀窍

摆放场所

由于具有耐阴性，所以也可以摆放在室内明亮的窗边。

春夏秋：最好搬到阳台照射阳光。从室内向室外挪动植株时，一边使其适应强光，一边慢慢挪动。

冬：越冬时，红边龙血树需5℃以上的温度，百合竹和星虎斑木需8℃以上的温度，香龙血树需10℃以上的温度。它们都需在光照较好且温暖的室内进行养护。

浇 水

春夏秋：盆土干燥之后大量浇水。夏季和干燥的时期也向叶片喷水。

冬：保持稍微干燥。

肥 料

春夏秋：每两个月在盆土上施一次迟效性固体肥料。

病虫害

春夏秋：干燥时易生叶螨、介壳虫。向叶片喷水来预防，发生虫害之后，尽快播撒药剂驱除。

繁 殖

春夏：通过插条进行繁殖。星虎斑木也能够分株繁殖。适宜换盆的时期为5月上旬至9月中旬。根系过度生长会撑破花盆，所以最好每两年换一次盆。

龙血树属植物分布在亚洲、非洲、美洲的热带地区，在观叶植物中，也有许多种类被人们熟知。红边龙血树（▶P87）在较细的茎干顶端密集生长着线形叶片，树形纤巧。星虎斑木（▶P86）的椭圆形叶片上长着像斑点的花纹，这是其特征。香龙血树（▶P86）粗壮的茎干上密集生长着宽大的叶片，叶片上有条纹状的斑纹，园艺品种众多。百合竹（▶P87）与香龙血树很相似，树形和叶片都稍小，不过，百合竹是颜色鲜绿清新的类型。

観叶植物 龙血树属

	1月	2月	3月	4月	5月	6月	7月	8月	9月	10月	11月	12月
摆放场所	光照好的室内				光照好的室外					光照好的室内		
浇水	保持稍微干燥				土壤干燥后		每日		干燥后	保持稍微干燥		
肥料					施肥（每两个月一次）							
病虫害				叶螨、介壳虫								
繁殖					插条							

大型植株的修剪方法

植株长高之后，下部叶片就会掉落，所以需修剪，重新养护。

1 在距根部5cm左右的位置剪掉向左右杂乱伸展的枝条。

2 把分支较多且生长复杂的枝条于土层附近处距根部5cm左右的位置剪掉。

3 如果希望调整高度，可以果断剪掉植株上部，调整为喜欢的高度。这时，在节的上方5cm处进行剪切。剪切的部分会长出新芽。

香龙血树和百合竹的插条方法

1 把枝剪成10cm左右的小段。

4~5cm

2 插入到润湿的观叶植物用土中。纵向插入时注意枝的上下方向。在横置的情况下，整体埋入土中使其被覆盖。

3 放置在遮阴处管理。土壤干燥后浇水。

星虎斑木的插条方法

1 把带叶的枝的顶端切下10~15cm的长度。

2 摘掉下部的叶片，其余叶片剪掉一半。

3 插入到润湿的观叶植物用土中，放置在半遮阴处管理。土壤干燥后缓缓地浇水。长出新芽之后如往常一样管理。

星虎斑木"佛罗里达美人"

D. surculosa'Florida Beauty'

这是市场流通较多的星虎斑木的园艺品种，叶片上有银白色的斑点。也适合无土栽培。光照不足会导致叶片花纹改变。越冬需8℃以上的温度。

香龙血树"金心巴西铁"

D. fragrans 'Massangeana'

别名: 幸福之树、中斑香龙血树

茎干笔直地向上延伸，叶长约60cm。不耐受寒冷，越冬需10℃以上的温度。

香龙血树"茶屋"

D. fragrans 'Chaya'

这是生长比较缓慢的类型，所以树形相对不容易长得杂乱。在明亮的遮阴处进行管理，冬季所需温度不能低于10℃。

红边龙血树"惠布利"

D. concinna 'Whibley'

红边龙血树的园艺品种。绿叶上有白色的斑纹。在明亮的遮阴处管理，冬季需保持5℃以上的温度。

红边龙血树

D. concinna

别名：红边千年木

原产于毛里求斯。茎细长，能长到5cm左右的高度。喜高温多湿，所以在干燥的室内最好向叶片喷水。日照不足会导致叶片下垂。

红边龙血树"彩虹"

D. concinna 'Rainbow'

红边龙血树的园艺品种。绿叶上有红色和黄色的斑纹。最好在明亮的遮阴处管理，冬季需保持5℃以上的温度。

红边龙血树"印度之歌"

D. reflexa 'Song of India'

原产于马达加斯加。生长较慢，宜观赏自然伸展的枝叶。叶片外侧有黄色的纵条纹。"牙买加之歌"的叶片中央有淡绿色的斑纹。这两个品种在光照好的场所管理时，叶色较佳。

Q 星虎斑木的叶尖变黑枯萎。

A 看一下盆底，如果从盆底孔伸出根系，则可以认为原因是根系堵塞，导致水分和肥料无法输送到叶尖，需换种到大一圈的盆中。如果使用同一个盆，需修剪损伤的根系，使根土结成的团小一圈，然后种回盆中。

Q 香龙血树在冬季期间逐渐枯萎。

A 可以认为是夜间温度低导致的。香龙血树不耐寒，在能够保持10℃以上的温暖室内进行养护吧。放置在窗边时，夜间需搬离窗边或者用报纸围起来，对其实施防寒措施。温度不足时，减少浇水。

Q 自己可以制作弯曲的红边龙血树的枝条造型吗？

A 如果是纤细柔软的枝条，自己也能够通过如下方法制作。

1 用线或铁丝如图中所示那样把顶端固定。选择柔软的枝条，慢慢弯曲，注意不要折断。

2 枝条从固定处向上伸展。

长势稳定之后，折下线或铁丝。 **3**

紫露草属

Tradescantia

Data

科 名:鸭跖草科

别 名:紫鸭跖草

原产地:北美洲~热带美洲

耐阴性	☑有	□普通	□无
耐寒性	☑有	□普通	□无
干 燥	□强	☑普通	□弱

紫露草属·白花紫露草
T. fluminensis

优质养护的诀窍

摆放场所

光照较弱时,植株变得软弱,所以需尽量照射阳光。
春夏秋:摆放在光照好的地方。日照不足会导致茎徒长,姿态杂乱。
冬:温度在0℃以上即可越冬,所以在光照较好、温暖的室内进行管理。室外管理的话需防霜冻。

浇 水

春夏秋:盆土干燥后大量浇水。
冬:减少浇水,保持稍微干燥的状态。

肥 料

春夏秋:每两个月在盆土上施一次迟效性固体肥料。速效性液体肥料大致十天施一次。

病虫害

全年需注意叶螨和介壳虫。发现之后尽早播撒药剂驱除。

繁 殖

春夏:通过分株和插条进行繁殖。适宜换盆的时期为4-9月。

紫露草属在北美洲至热带美洲地区生长有 70 种,作为花坛用花而受欢迎的紫露草和大紫露草也属于同一种类。作为观叶植物被用来观赏的则是白花紫露草等叶片有白色或紫色斑纹的品种,多肉质的茎在地面匍匐延伸,市场上将其制作成悬挂盆栽出售。

白绢草的茎叶为多肉质,新芽覆盖有白毛,这个品种也被称作"白雪姬",是颇具人气的多肉植物。

	1月	2月	3月	4月	5月	6月	7月	8月	9月	10月	11月	12月
摆放场所	光照好的室内				光照好的场所						光照好的室内	
浇水	保持稍微干燥				土壤干燥后						保持稍微干燥	
肥料					施肥（每两个月一次）							
病虫害					叶螨、介壳虫							
繁殖					插条、分株							

観叶植物

紫露草属

如何修剪叶片有斑纹的品种

有斑纹的品种如果长出绿色的、没有斑纹的新芽，那么生长旺盛的绿叶会越来越多，有斑纹的叶片会逐渐消失，观赏价值也下降，所以当发现绿色的新芽时，立即从芽的根部剪掉。

如何重新种植叶掉落的植株

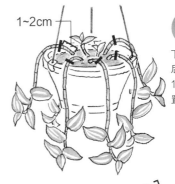

1 下叶掉落之后，在距根部1～2cm的位置把茎剪下。

1~2cm

2 把已剪下的茎剪成6～8cm的段。挑选斑纹漂亮的叶片作为插穗。插穗也可以是没有叶片的茎。

6~8cm
6~8cm

3 插入被水润湿的清洁的插条用土中，放在遮阴处管理，土壤干燥后浇水，1～2周后生根，然后把插穗集体换种到其他盆中。这时需使用观叶植物用土。

4 被剪切的原来的植株如往常一样管理,不久就会长出新芽。

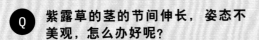

Q 紫露草的茎的节间伸长，姿态不美观，怎么办好呢？

A 对徒长的茎隔开间距，或者也可以在距根部1～2cm处把茎剪下，重新养护。由于紫露草生长旺盛，所以很快会再生。另外，茎叶过于茂密容易引发病虫害，需时常修剪，尤其夏季要将植物摆放在通风较好的地方。

Q "白花紫露草"的斑纹消失了，这是为什么？

A 白花紫露草斑纹的出现并不稳定,根据摆放场所和植株状态的不同，斑纹或是增多或是消失。把斑纹漂亮的茎作为插穗，使植株焕新吧。在剪取插穗时，选择叶片斑纹均匀的茎。

彩叶凤梨属

Neoregelia

Data

科 名	凤梨科
原产地	热带美洲

耐阴性	☑有	□普通	□无
耐寒性	□有	☑普通	□无
干 燥	□强	☑普通	□弱

彩叶凤梨"火球杂色"
N.'Fireball Variegata'

彩叶凤梨属植物的叶片丛生为莲座状，中央部呈筒状，叶片在此聚集并吸收水分。栖息于热带美洲地区的箭毒蛙会在这个小"水洼"中产卵。

开花期来临时，叶片的中心开始带有杂色，"水面"开出小花。不过，彩叶凤梨属植物的生长很花费时间，需要两年以上才会开花。开过一次花的植株不会再开第二次。开花之后，等待子株长出 5~6 片叶子，再进行分株繁殖为佳。

优质养护的诀窍

摆放场所

春夏秋：具有耐阴性，但如果希望叶片长出漂亮的颜色，最好放置在光照好的地方。
冬：越冬需5℃以上的温度。放置在室内光照好的地方。

浇 水

春夏秋：从植株上方大量浇水，以使叶丛中央的筒部聚集水分。保持筒部始终有水的状态。
冬：低温期保持稍微干燥的状态，浇水之后需倒掉筒部的水分，不能放置不管。

肥 料

春夏秋：生长期大概每月向筒部施一次速效性液体肥料。
冬：不施肥。

病虫害

夏秋：初夏至气候开始变凉期间注意介壳虫。

繁 殖

春夏：通过分株进行繁殖。适宜换盆的时期为5-9月。

观叶植物

彩叶凤梨属

	1月	2月	3月	4月	5月	6月	7月	8月	9月	10月	11月	12月
摆放场所	光照好的室内				光照好的场所						光照好的室内	
浇 水	保持稍微干燥				光照好的场所						保持稍微干	
肥 料						液肥(每月一次)						
病虫害					介壳虫							
繁 殖					分株							

分株的方法

① 把繁殖出子株的植株从盆中拔出。

② 把长出5~6片叶子的子株从距根部近的地方剪下。

③ 母株和被从母株剪下的子株。

④ 用吸满水的水苔包住子株的切口。

⑤ 包住切口放入3~4号大小的塑料盆中,周围填满水苔。

⑥ 为了使植株固定,一边用手指按压水苔,一边填充。

⑦ 浇水来防止水苔变干。一个月左右发芽,换种到5~6号大小的盆中,填上观叶植物用土。

浇水的方法

春季至秋季使中心的筒部保持有水的状态。夏季每天浇水,保证筒中的水能够更换。

冬季如果保持筒中有积水,那么植株会受冻,所以要防止筒中积水。浇水之后,一边用手按住植株根部,一边使盆倾斜把水倒出。

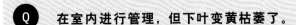

Ⓠ **在室内进行管理,但下叶变黄枯萎了。**

Ⓐ 如果在使用空调的室内进行管理,有可能是干燥导致了根系受损。把每棵植株放入塑料袋中密封,提高湿度。如果不是干燥的原因,那么可能是烂根导致的枯萎。植株烂根时会摇晃,这时换种到新土中。

肾蕨属

Nephrolepis

Data

科　名:肾蕨科

别　名:圆羊齿

原产地:热带~亚热带

耐阴性	☑有	□普通	□无
耐寒性	□有	☑普通	□无
干　燥	□强	☑普通	□弱

波斯顿蕨"Teddy Junior"
N. exaltata 'Teddy Junior'

优质养护的诀窍

摆放场所

喜明亮的日阴,直射阳光会导致叶片晒伤。

春夏秋:持续光照不足会导致叶色变差,所以最好放置在阳光透过蕾丝窗帘照射到的明亮的遮阴处。尤其夏季阳光暴晒会导致叶片晒伤,所以需要注意。

冬:越冬需5℃以上的温度。在室内进行管理,白天照射透过窗户的阳光。

浇　水

从上方浇水会导致植株处于闷湿状态,所以需掀起叶片从根部浇水,防止水浇到叶片上。

春秋:盆土干燥后大量浇水。

夏:每天浇水。

冬:减少浇水,保持稍微干燥的状态。

肥　料

春夏秋:生长期每10天施一次速效性液体肥料。

冬:不施肥。

病虫害

春夏秋:注意叶螨、介壳虫。虫害发生之后播撒药剂驱除。

繁　殖

春夏:通过分株进行繁殖。适宜换盆的时期为4月下旬至9月中旬。

肾蕨属的绿叶呈缓和而下垂的曲线,这样的姿态营造出一种温馨的氛围。肾蕨属具有耐阴性,所以能够被摆放在室内各处观赏,不过,最好将其摆放在避开直射阳光的明亮遮阴处。如果是在室内,最好在相当于透过蕾丝窗帘的阳光照射到的地方进行管理。

肾蕨属植物生长旺盛,所以一年换一次盆比较好。叶片也被用于制作花束或插花,对于过于茂盛的植株,建议把叶子间隔开来,与时令花卉一起插到花瓶中。

分株的方法

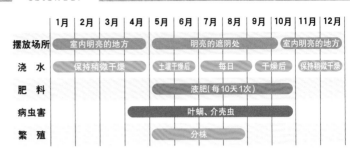

	1月	2月	3月	4月	5月	6月	7月	8月	9月	10月	11月	12月
摆放场所	室内明亮的地方				明亮的遮阴处					室内明亮的地方		
浇 水	保持稍微干燥				土壤干燥后		每日		干燥后		保持稍微干燥	
肥 料					液肥(每10天1次)							
病虫害				叶螨、介壳虫								
繁 殖					分株							

对根系长得过密的植株进行分株繁殖。

1 把损伤的茎从土壤表面处剪切、去除。

2 从盆中拔出植株，把剪刀插入根土结成的团中，将其剪成2~3株。

3 把枯萎或损伤的茎从根部剪切、去除。

4 种植到清洁的观叶植物用土中，大量浇水。种好后如往常一样管理。

使用匍匐茎进行繁殖的方法

1 剪下在匍匐茎（匍匐生长的茎）的顶端生长的子株，注意不要损伤根系。

2 种植到清洁的插条用土中，大量浇水。

平时的照料

从根部剪掉叶片变色的茎和枯萎的茎，保持美观。

Q 夏季时，肾蕨的中心的叶片开始枯萎，这是为什么？

A 原因在于高温多湿产生的闷湿状态。肾蕨这种小型园艺品种的叶片长着细密的缺口，具有容易蒸腾的性质。浇水时要向根部的盆土浇，而不是从叶片上方浇水。

猪笼草属

Nepenthes

Data

科 名:	猪笼草科
别 名:	猪仔笼
原产地:	东南亚～澳大利亚北部、
	马达加斯加、塞舌尔群岛

耐阴性	□有	☑普通	□无
耐寒性	□有	□普通	☑无
干 燥	□强	□普通	☑弱

猪笼草
Nepenthes sp.

猪笼草是一种食虫植物,中央叶脉伸长,顶端生有瓶型的捕虫笼,姿态独特。笼中贮存的分泌液能够吸引昆虫,分泌液中的消化酶能将昆虫溶解,作为养分。笼的形状、大小、颜色多种多样。种植猪笼草的乐趣之一在于繁殖笼的数量。

猪笼草不耐寒冷和干燥。干燥会导致笼枯萎,所以需保持高温多湿的环境。茎在生长过程中伸长,这时则难以长出捕虫笼,若长出笼,则颜色变淡。如果经常触碰生长笼的叶片顶端,可能会导致长不出捕虫笼。

优质养护的诀窍

摆放场所

喜明亮的日阴,直射阳光会导致叶片晒伤。
冬:越冬需10℃以上的温度。在室内摆放,白天使植株充分照射透过玻璃的阳光。

浇 水

干燥期给叶片喷水保持湿度。
春秋冬:盆土或水苔干燥后大量浇水。
夏:每天浇水。

肥 料

春夏秋:每两个月在盆土上施一次迟效性固体肥料。施肥过多会导致难以长出捕虫笼。
冬:不施肥。

病虫害

春夏秋:注意介壳虫。虫害发生之后,播撒药剂驱除。

繁 殖

春夏:通过插条进行繁殖。适宜换盆的时期为5-6月。

猪笼草属·血红猪笼草

N. sanguinea

原产于马来半岛至泰国南部地区。捕虫笼的长度为10～30cm，颜色从绿色到黄色、桔黄色、红色，多种多样。

猪笼草属·翼状猪笼草

N. alata　　别名：红猪笼草

这是最受欢迎的品种,捕虫笼是绿色混合红褐色的颜色。

Q　需要照料捕虫笼吗？

A 不需要照料。即使笼中聚集了雨水，或者反过来倒掉了分泌液，它也会自然地恢复原状。但如果人为把昆虫等放入笼中，有时会导致消化不完，捕虫笼腐烂。不要人为干预，自然地养护即可。

Q　想换盆，该怎么做呢？

A 把植株从盆中拔出，旧水苔如果受损，那就去除水苔。使用含水的新水苔覆盖根部，在湿润的水苔中种植。在使用水苔的情况下，不需填土。

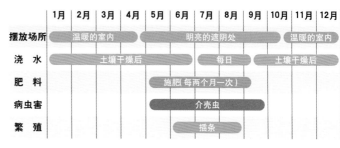

	1月	2月	3月	4月	5月	6月	7月	8月	9月	10月	11月	12月
摆放场所	温暖的室内			明亮的遮阴处						温暖的室内		
浇　水	土壤干燥后					每日			土壤干燥后			
肥　料			施肥（每两个月一次）									
病虫害				介壳虫								
繁　殖				插条								

繁殖捕虫笼的方法

1 如果茎伸长，叶片增多，则难以生长捕虫笼。5月左右，在从下部起第5节的地方把茎剪掉。

2 根部长出新芽时，可以果断剪下已经长长的茎部。

3 新芽逐渐生长，生长出颜色和形状俱佳的捕虫笼。

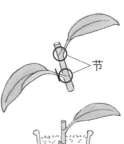

4 将剪下来的茎以每两节为一段剪开，剥掉下叶。节

5 用含水的水苔包起切口，放入盆中，周围也用水苔填满。将植物放置在明亮的遮阴处，保持水苔湿润，如此进行管理。

木槿属

Hibiscus

Data

科 名：锦葵科

别 名：扶桑花

原产地：热带、亚热带

	有	普通	无
耐阴性	☐	☐	☑
耐寒性	☐	☑	☐

	强	普通	弱
干 燥	☐	☐	☑

木槿园艺品种
Hibiscus cv.

优质养护的诀窍

摆放场所

春夏秋：摆放在光照好的场所。"夏威夷"类需在盛夏时期移动到半遮阴的地方。

冬：越冬需5℃以上的温度。在室内摆放，白天尽量使植株照射透过玻璃的阳光。

浇 水

春夏秋：生长期在盆土干燥后浇水，为了预防害虫，也需给叶片喷水。尤其是开花时期，需注意不能缺水。

冬：保持稍微干燥的状态，但如果生出了新芽，需在盆土干燥后大量浇水。

肥 料

春夏秋：每两个月在盆土上施一次迟效性固体肥料。

冬：不施肥。

病虫害

夏秋：注意叶螨、介壳虫。发生虫害之后，播撒药剂驱除。

繁 殖

春夏：通过插条或嫁接进行繁殖。"古典"类和"夏威夷"类在4月中旬至6月插条，"珊瑚"类在5-9月插条。"夏威夷"类容易通过嫁接进行繁殖。嫁接是指将两棵植株在切割面紧贴为一株的繁殖方式。适宜换盆的时期为5-6月。

木槿会开出较大的花朵，具有浓厚的南国风情，在日本也被称作"扶桑花"，自古以来就被广泛种植。园艺品种有5000种以上，被大致分为"古典""珊瑚""夏威夷"这三类。

"古典"类的花为中朵至小朵，生长旺盛，植株健壮。"珊瑚"类稍微不耐寒冷。"夏威夷"类花朵较大，色彩丰富，但是不耐暑热。一般种类的花是开放一天之后便会凋谢的"一日花"。凋谢的花朵需从花茎根部剪掉。

	1月	2月	3月	4月	5月	6月	7月	8月	9月	10月	11月	12月
摆放场所	光照好的室内				光照好的场所						有光照的室内	
浇 水	保持稍微干燥				土壤干燥后						保持稍微干燥	
肥 料					施肥(每两个月一次)							
病虫害								叶螨、介壳虫				
繁 殖					插条、嫁接							

观叶植物

木槿属

吊灯扶桑

H.schizopetalus
别名： 裂瓣朱槿

原产于美国的桑给巴尔岛。花直径约8cm，向下开放，能持续开放数日。园艺品种中有一种叫"锦叶(Cooperi)"，叶片上有粉色或白色的斑纹。

植株过大时的处理方法

木槿生长旺盛，所以在枝叶长长之后，需果断进行修剪。在从根部向上至植株一半或三分之一高度的地方进行修剪。

如果根系生长过密而堵塞，则把植株拔出，用园艺铲或刮刀铲下并去除去三分之一旧土。

种到新的观叶植物用土中。为了排水顺畅，也可以在盆底铺较大的赤玉土。

插条的方法

用剪下的枝条进行插条。

把剪下的枝条切成约 10cm 长度的小段，并摘掉下叶。

留下上方的两三片叶子，把较大的叶片大约剪掉一半，抑制蒸腾。

图中已剪切为插穗的状态。

插到清洁的插条用土中，大量浇水。放在半遮阴处进行管理，需防止干燥。一个月左右发根，然后把各个插穗分别换种到观叶植物用土中。

瓜栗属

Pachira glabra

Data

科　名：	木棉科
别　名：	发财树
原产地：	墨西哥~中美洲

耐阴性	☑有	□普通	□无
耐寒性	□有	☑普通	□无
干　燥	☑强	□普通	□弱

马拉巴栗

马拉巴栗（发财树）是一种独特的植物，它细长的树干上生长着较大的叶片，树干的根部较粗。其原产地位于水边，喜日照。在春季至秋季的养护中，最好使植株充分接受阳光直射。如果一直放置在遮阴处，长势会变差，树形变得散乱。

树干内部为海绵状，比较柔软，所以能够弯曲或交织。发财树也较多地以迷你观叶的方式被出售，同样能进行无土栽培。

优质养护的诀窍

摆放场所

春夏秋： 摆放在室外光照好的场所，使植株充分受到阳光直射。虽然具有耐阴性，但如果在室内进行养护，会导致树形长得杂乱。

冬： 越冬需5℃以上的温度。气温下降时把植株移动到室内。

浇　水

春秋： 盆土干燥后大量浇水。在室内管理时，减少浇水。

夏： 每天浇水，还要给叶片喷水。

冬： 减少浇水，保持稍微干燥的状态。

肥　料

春夏秋： 每两个月在盆土上施一次迟效性固体肥料。

冬： 不施肥。

病虫害

春夏秋： 注意介壳虫、叶螨的危害。发生虫害之后，播撒药剂驱除。

繁　殖

春夏： 通过插条进行繁殖。适宜换盆的时期为5-9月。

	1月	2月	3月	4月	5月	6月	7月	8月	9月	10月	11月	12月
摆放场所	光照好的室内				光照好的室外						光照好的室内	
浇　水	保持稍微干燥				土壤干燥后		每日		干燥后		保持稍微干燥	
肥　料					施肥(每两个月一次)							
病虫害						叶螨、介壳虫						
繁　殖							插条					

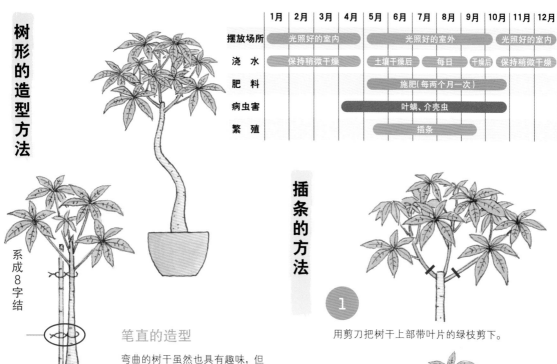

树形的造型方法

系成8字结

笔直的造型

弯曲的树干虽然也具有趣味，但如果希望树干造型笔直，那么可以立起支柱。把支柱牢固地插到盆底，然后把它与树干系起来。

弯曲的造型

组合种植3棵幼株，在生长过程中，把树干弯曲并编织成三股辫状，这样的造型生动有趣。

插条的方法

1 用剪刀把树干上部带叶片的绿枝剪下。

2 摘掉下叶，插入到清洁的插条用土中。这时，最好事先用一次性筷子在土中插好孔，然后固定。将植物放置在半遮阴处，浇水防止干燥，如此进行管理。一个月左右发根并长出新芽，然后分别把插条种到观叶植物用土中。

观叶植物

瓜栗属

Q 有的树干的根部鼓起来，有的树干的根部不鼓，这是为什么？

A 从种子繁殖而来的植株根部会鼓起，但通过插条繁殖生长的植株根部不会鼓起。另外，在室内进行养护时，光照不足，根部不会鼓起。在春季至秋季将植物移动到室外接受阳光照射吧。

Q 发财树下方的叶片掉落，树干也变得细弱，这是为什么？

A 发财树具有叶片在树干顶端生长并从下方凋落的特性。如果介意协调性不佳，可以在较低的位置进行修剪。不论在哪一部分修剪，植株都会长出新芽。不过，为了避免植株变得细弱，修剪需在春季至夏季进行。

鹿角蕨属

Platycerium

close-up

营养叶

孢子叶

Data

科　名 :	鹿角蕨科
别　名 :	蝙蝠蕨
原产地 :	热带

耐阴性	□有	☑普通	□无
耐寒性	☑有	□普通	□无
干　燥	☑强	□普通	□弱

鹿角蕨属·二歧鹿角蕨
P. bifurcatum

优质养护的诀窍

摆放场所

春夏秋 : 在阳光直射的场所进行管理。

冬 : 只要温度在0℃以上即可越冬。在阳光透过玻璃照射到的室内进行管理。

浇　水

春夏秋 : 水苔等栽培材料干燥之后给植物浇水。

冬 : 早春之前保持稍微干燥的状态。植株从营养叶里侧的根吸收水分，所以要防止变得过湿。

肥　料

春秋 : 春季和秋季各施一次迟效性固体肥料，并且把肥料置于营养叶所包围的盆土上面。

夏冬 : 不施肥。

病虫害

春夏秋 : 注意介壳虫。发生虫害之后，播撒药剂驱除。若危害较轻，也可以用牙刷或湿布把害虫擦掉。

繁　殖

春夏秋 : 6-8月通过分株进行繁殖。适宜换盆的时期为5月中旬至6月下旬。长期不换盆会导致叶片变小。

鹿角蕨是一种奇特的植物，它具有两种类型的叶片，一种叫做营养叶，以覆盖根部的方式生长，呈圆形。营养叶起到贮存水分的作用，在成熟的植株中变为褐色。另一种是孢子叶，从营养叶的中心以放射状生长，顶端分裂。孢子叶的里侧生有含孢子的孢子囊。

除了盆栽之外，我们还能够把鹿角蕨贴附于桫椤木板来观赏，这种方式颇有人气。盆栽植株长大之后，使用水苔换盆。

贴附于木板的方法

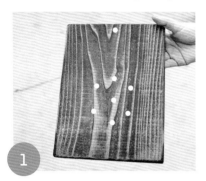

	1月	2月	3月	4月	5月	6月	7月	8月	9月	10月	11月	12月
摆放场所	光照好的室内				光照好的场所						有光照的室内	
浇 水	保持稍微干燥			嵌入材料干燥后							保持稍微干燥	
肥 料				施肥					施肥			
病虫害				介壳虫								
繁 殖						分株						

观叶植物

鹿角蕨属

1
用钻孔机在木板上打孔。上部打出一个悬吊用的孔,在比中心稍靠下的地方打出多个通气孔。

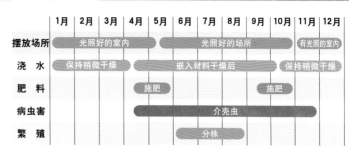

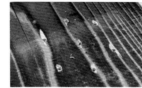 

4 把含水的水苔团成一团,用营养叶把水苔包起来,放在木板上。木板使用开孔后附着有木屑的一侧。

2
用剪刀从长出子株的鹿角蕨上剪下子株。

5
把丝线绕在营养叶的部分区域以固定植株。一边用订书机固定天蚕丝,一边用手固定植株,这样操作较为简单。

6
在上部的孔中插入用金属丝制作的钩子,以便悬挂。直径3.5mm的铝丝比较容易弯曲。

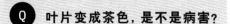

3 因为两棵子株长在一起,所以还需把它们分开。

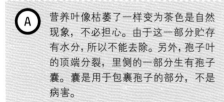

7
水苔干燥之后浇水,以悬挂的状态进行管理。

Q 叶片变成茶色,是不是病害?

A 营养叶像枯萎了一样变为茶色是自然现象,不必担心。由于这一部分贮存有水分,所以不能去除。另外,孢子叶的顶端分裂,里侧的一部分生有孢子囊。囊是用于包裹孢子的部分,不是病害。

Q 根部变成了黑色,该怎么办呢?

A 原因在于浇水过多。像二歧鹿角蕨这样的附生植物具有耐干燥、不耐过湿环境的特性。是否有在水苔等栽培材料干燥之前浇水呢?请减少浇水观察一下状况吧。

水塔花属

Billbergia

Data

科　名	凤梨科
别　名	火焰凤梨、水槽凤梨
原产地	热带美洲

耐阴性	□有	☑普通	□无
耐寒性	□有	☑普通	□无
干　燥	□强	☑普通	□弱

水塔花"哈利路亚"
B.'Hallelujah'

在以巴西为中心的热带美洲地区的森林中，水塔花紧贴在树木或岩石上生长。刮板形的长叶层叠生长为筒状，是典型的水槽凤梨，叶片有白色云状花纹或黄白色斑点，充满异域风情。开花期的苞会着色，开出黄绿色、群蓝色和樱桃红色的热带花。水塔花与果子蔓（▶P54）类似，开过一次花的植株便不会再开第二次，所以，如果希望观赏到花，对子株进行分株繁殖吧。

优质养护的诀窍

摆放场所

春夏秋：摆放在光照好的场所进行管理。以最低温度15℃为标准，春季若超过15℃则移动到室外，秋季若低于15℃则挪回室内。养护时防止筒内闷湿。

冬：摆放在室内能够保持5℃以上温度的地方。夜间覆盖纸板箱避开寒气。

浇　水

春夏秋：盆土干燥后浇水，每周约替换两次筒中的水，并在筒中贮存水。

盛夏：若筒中的水温度过高，则会导致闷湿，植株腐烂，所以需在水温过高时替换凉水。

冬：保持稍微干燥的状态，浇完水之后，立即倒掉筒中的水。

肥　料

春夏秋：每三个月在盆土上施一次迟效性固体肥料。

冬：不施肥。

病虫害

春夏秋：容易发生介壳虫，需要注意。

繁　殖

春夏：对开花之后长出的子株进行分株繁殖。换盆在生长期进行。

水塔花"温蒂"

B. 'Windii' Variegata

花为黄绿色，长在下方的苞为粉色。

观叶植物

水塔花属

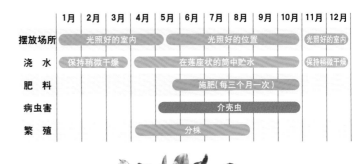

	1月	2月	3月	4月	5月	6月	7月	8月	9月	10月	11月	12月
摆放场所	光照好的室内				光照好的位置						光照好的室内	
浇 水	保持稍微干燥			在莲座状的筒中贮水							保持稍微干燥	
肥 料				施肥(每三个月一次)								
病虫害				介壳虫								
繁 殖			分株									

浇水的方法

通常把水贮存在植株中心的筒中。气温开始下降时，把水倒出，不需存水。

分株的方法

植株丛生容易导致根系生长过密，所以需进行分株繁殖，与此同时给植株换盆。

 1

把植株从盆中拔出，使用剪刀等剪开母株和子株，并使母株和子株分别带土。

2

抖落旧土，拔掉变色损伤的根系。

3

把母株和子株分别换种到新的观叶植物用土中。

Q 在室内养护的"哈利路亚"品种，叶色变得暗淡。

A 水塔花如果不充分照射阳光,叶片颜色会暗淡下来。春季至秋季请把植株放在室外充分照射阳光。但是,如果突然遭受强光暴晒,植株会跟不上环境变化而枯萎,需在一周左右的时间内,一边逐渐增加照射阳光的时间,一边移动植株。

 4

换盆之后大量浇水，放置在明亮的地方，如往常一样管理。

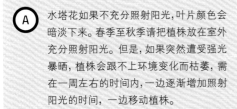

103

榕属

Ficus

榕属·垂叶榕
F. benjamina

Data

科　名：桑科	
别　名：垂榕	
原产地：热带非洲～东南亚、澳大利亚	

耐阴性	☑有	□普通	□无
耐寒性	□有	☑普通	□无
干　燥	□强	☑普通	□弱

作为观赏性观叶植物的榕属植物，有的直立生长，树形高大；有的蔓延生长，茎叶繁茂。榕属有多种多样的类型（▶P106），作为室内装饰绿植很受欢迎。

如果切开树干或茎，切口处会流出白色的树液，这是榕属植物的一个特征。在进行插条繁殖时，需用水冲洗掉树液之后再将植株插到清洁的土中。耐寒性根据种类而有所不同，所以气温开始下降时，在室内有光照的地方对植物进行养护会比较放心。有的种类会因寒气而落叶。

优质养护的诀窍

摆放场所

春夏秋：因为有较强的耐阴性，所以可以全年放置在室内明亮的场所，不过，为了茎叶健康地生长，最好在春季至秋季放置于室外向阳处。

冬：高山榕和垂叶榕越冬需5℃以上的温度，因此要将其放置在室内温暖的地方管理。爱心榕需12℃以上的温度。遭受寒冷会落叶，但春天会发出新芽，所以要放置在温暖的场所。橡皮树只要0℃以上的温度，也可在室外越冬。

浇　水

春秋：盆土干燥之后大量浇水，直到水从盆底流出为止。

夏：每天大量浇水，为了防止干燥，也要给叶片浇水。

冬：保持稍微干燥的状态。爱心榕即使落叶也需不时浇水。

肥　料

春夏秋：每两个月在盆土上施一次迟效性固体肥料。

病虫害

春夏秋：容易发生叶螨、介壳虫等虫害，需注意。

繁　殖

枝条较细的类型和蔓生的类型通过插条进行繁殖，大型植株最好通过压条进行繁殖。

插条的方法

对枝条杂乱、形态过大的植株进行适当修剪,整理树形。把修剪下来的枝条剪开,能够用作插条。

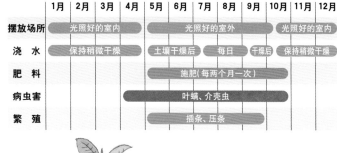

	1月	2月	3月	4月	5月	6月	7月	8月	9月	10月	11月	12月
摆放场所	光照好的室内				光照好的室外					光照好的室内		
浇 水	保持稍微干燥			土壤干燥后		每日		干燥后		保持稍微干燥		
肥 料					施肥(每两个月一次)							
病虫害					叶螨、介壳虫							
繁 殖					插条、压条							

观叶植物

榕属

1

把枝条剪切为10cm左右长度的小段,摘掉下叶,用作插穗。

2

剪切榕属植物的枝会流出白色的树液,需用水冲洗。

3

插到清洁的插条用土中,大量浇水。放置在半遮阴处,土壤干燥后浇水。一个月左右发根,然后换种到较大的观叶植物用土的盆中。

压条的方法

压条的位置

1

下叶枯萎掉落、协调性变差的植株能够通过压条而再生为新的植株。关于压条的位置没有规定,不过,在紧靠节的下方、并且顶端长有五片左右叶子的位置压条,更容易发根。

2cm

2

用刀具切入茎,割下宽度约2cm的表皮。

3

用含水的水苔把剥去表皮的部分包起来。

4

用塑料袋把整个水苔包起来,上部用绳子轻绑,下部绑紧。浇水防止水苔变干,这样放置1~2个月。不要揭下或移动塑料袋。

5

从塑料袋的上方确认已发根之后,在水苔的下方剪切枝条使之离开母株,取下塑料袋。使水苔稍微松散开,将植物带着水苔种到清洁的观叶植物用土中。盆底铺上较大的赤玉土会使排水更通畅。

高山榕（有斑纹）

F. altissimoa 'Variegata'

叶脉和叶缘有黄色的斑纹。具有耐阴性，喜强光，所以照射阳光会长得比较漂亮。在明亮的室内进行管理，盛夏防止阳光直射。

Close-up

爱心榕

F. umbelata

Close-up

大大的心形叶片很引人注目。不耐寒，有时因冬季的寒冷而落叶。冬季即使落叶，也需适度浇水。土壤完全干燥之后，待3~4天再浇水。

印度榕

F. elastica 'Burgundy'

别名：橡皮树

叶片厚质且有光泽。喜阳光直射，在室内管理的话，也需放置在阳光充足的地方。喜湿气，干燥会导致落叶，所以在干燥时期需给叶片喷水。

Close-up

垂叶榕

F. Benjamina

垂叶榕的树叶茂密，小巧且有光泽，可以修剪成圆润的造型来观赏。全年需放置在明亮的场所，冬季在光照较好的温暖的室内进行管理。

Close-up

平时的照料

高山榕、爱心榕、橡皮树叶片较大，如果落有灰尘，可以用湿润的软布擦拭掉。一只手托着叶片背面，轻轻擦拭，防止叶片被擦破。

细叶榕

F. microcaprpa

市场上流通较多的是在暴露的根上嫁接另外的细叶榕而长成的人参榕。除了冬季之外，其他季节都需浇水防止干燥。植株在生长过程中会长出气根。

薜荔"阳光"

F. pumila 'Sunny'

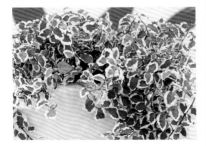

这是一种小型榕属植物，蔓生的枝上长着小叶。不耐干燥，所以要防止缺水。薜荔耐阴且耐寒，但光照不足会导致植株变弱。

Q 高山榕的黄斑颜色开始变浅了，这是为什么？

A 原因在于光照不足。春季至秋季为生长期，需要光照，所以请果断移动到室外吧。不过，不能突然从室内移动到有阳光直射的地方，而是大约花一周的时间移动，使植株一点一点地适应新的环境。

Q 刚买来的垂叶榕不断地落叶。

A 这是因为店内和家中的环境相差太大导致的落叶。这是暂时性的，不必担心。只要适应新环境，就不会继续落叶了。请放置在光照好的地方，并在干燥时浇水。

Q 正在养一盆爱心榕，它突然长高，几乎要长到天花板了。

A 长得过高的植株可以根据喜好修剪掉旧枝，或者通过压条（▶P105）使植株再生。修剪之后，新芽从剪切位置的稍下方以"Y"状长出。切口处会流出树液，用布擦掉，防止滴落。在剪下来的枝条中，也可以使用顶端生长的健康的芽（日语称作天芽）作为插穗。

使天芽顶端带一两片叶子，剪下枝条，冲洗掉切口的树液。

在花盆中倒扣一个小盆，在缝隙中填入含水的水苔，插入天芽。在明亮的遮阴处管理，浇水防止水苔干燥，1～2个月发根，之后换种到观叶植物专用土中。

喜林芋属

Philodendron

Data

科　名	天南星科
别　名	绿蔓绒
原产地	中部~南美洲

耐阴性	☑有	□普通	□无
耐寒性	□有	☑普通	□无
干　燥	□强	☑普通	□弱

喜林芋属·裂叶喜林芋
P. selloum

优质养护的诀窍

摆放场所

春夏秋：喜明亮的遮阴处，所以最好放置在阳光透过蕾丝窗帘照射到的地方。具有耐阴性，但如果一直处在遮阴环境中，会导致叶片颜色变差。裂叶喜林芋等直立生长的类型接受光照会长得更健康。
冬：放置在室内明亮的地方。裂叶喜林芋耐低温，在温暖的地区能够放在室外越冬。心形喜林芋需5℃以上的温度。

浇　水

春秋：土壤干燥后大量浇水。
夏：每天。如果空气比较干燥，也需给叶片喷水。
冬：保持稍微干燥的状态。

肥　料

春夏秋：每两个月在盆土上施一次迟效性固体肥料。
冬：不施肥。

病虫害

春夏秋：注意叶螨、介壳虫。叶片背面生虫时，叶片无光泽。干燥容易导致虫害，所以要对叶片喷水，或者用湿布擦拭叶片，以预防虫害。

繁　殖

春夏：通过插条和分株进行繁殖。适宜换盆的时期为5-8月。

喜林芋绿油油的叶片演绎出一种热带风情。它既有蔓生性、半蔓生性的种类，也有直立生长的类型（▶P110）。湿度较高会长出气根，但只要植株健康，剪掉气根也没有问题。蔓生性的代表种类有藤芋，养护较为简单，其中，"lime"为叶色浅绿的园艺品种。在直立生长的种类中，有叶片裂口较深的裂叶喜林芋和小天使，也有叶片表面有猪皮般触感的"猪皮芋"这种独特的植物。

	1月	2月	3月	4月	5月	6月	7月	8月	9月	10月	11月	12月
摆放场所	光照好的室内				明亮的遮阴处						光照好的室内	
浇水	保持稍微干燥			土壤干燥后		每日		土壤干燥后		保持稍微干燥		
肥料				施肥（每两个月一次）								
病虫害				叶螨、介壳虫								
繁殖				插条、分株								

观叶植物

喜林芋属

直立生长型植株的分株方法

图中为植株在盆中密集生长的小天使。这样下去的话，养分无法到达根系，所以需进行分株繁殖。

1 把植株从盆中拔出，用剪刀剪成2～3株。

2 把根土结成的团的下部也剪掉约三分之一至一半。

3 从根部把叶片剪掉五分之一左右。

4 把分好的植株分别种到新的观叶植物用土中，大量浇水。

蔓生性植株的插条方法

1 茎蔓生长导致植株协调性变差，所以需经常修剪长到外面的茎蔓。

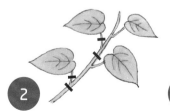

2 使用剪下的茎蔓制作插穗。把茎蔓带着2～3片叶子剪下，并剪掉下侧的叶子。

3 插到插条用土中，放置在明亮的遮阴处，防止干燥。过2～4周发根，然后分别换种到观叶植物用土中。

喜林芋属·裂叶喜林芋

P. selloum

直立生长型，野生气根和有大裂口的叶片极具特色，不过，植株较小时没有裂口。也可以在半遮阴处养护，非常耐寒。

喜林芋属·奴藤

P. pedatum

叶片有光泽，有3～5个缺口，属于蔓生的种类。具有耐阴性，但在明亮的地方更能健康生长，所以明亮的遮阴处最佳。叶片最好也喷水。

喜林芋属·藤芋

P. scandens ssp. oxycardium

蔓生类的代表，养护简单。最好放置在明亮的遮阴处，冬季摆放在窗边，尽量使植株照射到阳光。干燥时期给叶片喷水。

喜林芋属·藤芋园艺品种

P. scandens ssp. oxycardium 'Lime'

叶色浅绿，比藤芋的叶色浅。比起直射阳光，更适合在透过蕾丝窗帘这种程度的光照下管理。

喜林芋属·鸡冠藤

P. radiatum

以蔓状生长,叶片有又细又深的裂口。在避开直射阳光的明亮场所进行管理,冬季移动到室内。在干燥的场所需给叶片喷水,不要吹空调风。

喜林芋属·猪皮芋

P. rugosum

圆润的心形叶片的表面有类似猪皮的质感,因此通称"猪皮芋"。在明亮的半遮阴处管理,干燥时期给叶片浇水。

喜林芋属·"粉色公主"

P. 'Pink Princess'

茎为红色,椭圆形的叶片上有不规则的淡粉色斑纹。植株长大后会以蔓状延伸。在通风的半遮阴处进行管理。

喜林芋属·团扇蔓绿绒

P. grazielae

别名:心形喜林芋

蔓生性,叶片心形且有光泽。耐寒性较强,能耐受低于7℃的温度。盛夏避免阳光直射,除了冬季之外,其他季节都要浇水防止盆土干燥,并且要给叶片喷水。

Q 裂叶喜林芋的叶片颜色变差,这是为什么?

A 原因可能在于光照、施肥方式等,但最有可能是叶螨、介壳虫的危害所导致的。发生虫害之后,尽早播撒药剂驱除。平日给叶片喷水,或者用湿布擦拭叶片,这样也能预防害虫。

Q 在春季至夏季期间,藤芋的叶片一片片掉落,这是为什么?

A 这个时期为生长期。如果不发新芽只落叶,那么可能因为根系受损。立即换种到新土中吧。抖落旧土,去掉损伤变色的根系。在损伤较严重的情况下,使用健康的叶茎进行插条繁殖,这也是使植株再生的一个方法。

秋海棠属

Begonia

Data

科　名:	秋海棠科
原产地:	除澳大利亚之外的热带~亚热带、温带

耐阴性	□有	☑普通	□无
耐寒性	□有	☑普通	□无
干　燥	□强	☑普通	□弱

蟆叶秋海棠
B. rex

丽格秋海棠
B. Elatior group cv.

秋海棠属已知在世界上有 1400 多个原种和 15000 多个园艺品种。种在花坛或花盆中的四季秋海棠、圣诞秋海棠、球根秋海棠以及从球根秋海棠改良而来的丽格秋海棠，都是观花的种类。在观叶的种类中，既有茎直立生长类型，也有茎与地面接触后自此生根的根茎型秋海棠。在根茎类型中，蟆叶秋海棠的叶片有漂亮的花纹和颜色，尤其受欢迎。

优质养护的诀窍

摆放场所

春夏秋: 因种类不同而稍有不同，但通常将观花类放置在光照好的场所，将观叶类放置在明亮的遮阴处。
冬: 放置在室内明亮的遮阴处。

浇　水

春夏秋: 盆土干燥后大量浇水。
冬: 保持稍微干燥。

肥　料

春夏秋: 每两个周施一次速效性液体肥料。氮磷钾三元素均匀配比的肥料比较合适。
冬: 不施肥。

病虫害

春夏秋: 注意介壳虫、叶螨、蚜虫。

繁　殖

春夏: 通过分株、插条、叶插进行繁殖。宜换盆的时期为春季和秋季。

分株的方法

	1月	2月	3月	4月	5月	6月	7月	8月	9月	10月	11月	12月
摆放场所		室内明亮的遮阴处				明亮的遮阴处					室内明亮的遮阴处	
浇　水		保持稍微干燥				土壤干燥后					保持稍微干燥	
肥　料					液肥(每两周一次)							
病虫害				叶螨、介壳虫、蚜虫								
繁　殖					叶插、插条、分株							

観
葉
植
物

秋
海
棠
属

盆中根系过密也会成为烂根的原因,所以在分株的同时进行换盆。如果希望植株长得大一些,也可以不分株,把整体换种到大一圈的盆中即可。

3 在盆中填入观叶植物用土,种入分好的植株。填土时要填实,不要在植株周围留有缝隙。

1 把植株从盆中拔出。

4 大量浇水,如往常一样管理。

2 能够自然分开的根系如此分开即可,连在一起的根系用剪刀剪开。

Q 蟆叶秋海棠的叶片,像被撒满了一层白粉。

A 这是患了白粉病。高温干燥时期容易产生白粉病。需剪掉损伤的叶片防止病害扩大。高温时期勤用喷雾器给叶片喷水,保持湿度,这也是一个有效的预防方法。

113

常春藤属

Hedera

Data

科　名	五加科
别　名	洋常春藤、土鼓藤、枫荷梨藤
原产地	欧洲、西亚、北非

耐阴性	☑有	□普通	□无
耐寒性	☑有	□普通	□无
干　燥	□强	☑普通	□弱

常春藤属·常春藤
H. helix

优质养护的诀窍

摆放场所

春秋：具有耐阴性，所以不拘泥于摆放场所，但是，如果长期放置在遮阴处，藤蔓过度生长，姿态会变得杂乱，所以最好放置在光照好的地方。
盛夏：没有阳光照射的场所。
冬：气温0℃时也能越冬。在不会遭受霜和雪的地区，可以将植物放置在室外。

浇 水

春秋：盆土干燥后大量浇水。
夏：每天浇水。
冬：减少浇水，保持稍微干燥的状态。

肥 料

春夏秋：每10天施一次速效性液体肥料。

病虫害

春夏秋：注意叶螨、介壳虫、煤污病的发生。

繁 殖

春~初夏、秋：通过插条繁殖。有斑纹的品种最好使用斑纹漂亮的叶片。适宜换盆的时期为4~10月。

常春藤具有耐寒性，冬季也能在室外养护，还具有耐阴性，是一种适合装饰用的蔓生性植物。它也常被称作洋常春藤，市场上流通有许多叶片花纹和形状丰富多样的园艺品种。

常春藤生长旺盛，植株健壮，所以很容易养护，推荐给新手。其观赏方式有很多，可以悬挂，也可以被制作为迷你观叶植物，还可以组盆等。夏季大量浇水，冬季保持稍微干燥的状态，如此能养护得健康。通过插条也能繁殖得很好。

	1月	2月	3月	4月	5月	6月	7月	8月	9月	10月	11月	12月
摆放场所		光照好的位置					明亮的遮阴处		光照好的位置			
浇 水	保持稍微干燥		土壤干燥后			每日		土壤干燥后		保持稍微干燥		
肥 料			液肥（每10天一次）									
病虫害			叶螨、介壳虫、煤污病									
繁 殖			插条						插条			

修剪的窍门

对藤条过长的植株进行修剪，整理外形。

1 在喜欢的长度位置剪切较长的藤条。

2 不要把所有藤条剪成相同的长度，有的留长些，有的剪短些，考虑到协调性再进行修剪。

Q 进行了插条繁殖的常春藤没有顺利生长，这是为什么？

A 适合插条的季节为春季至秋季的生长期，此时植物容易发根。不过，需避开高温的盛夏。带斑纹的品种需使用斑纹美观的叶片。在生根之前，将植物置于无风的半遮阴处进行管理。

插条的方法

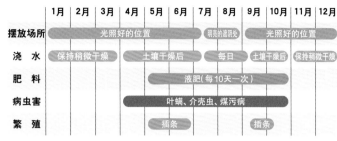

close-up

1cm 　节

1 为了将修剪下来的藤条用作插穗，需将其剪成10cm左右的长度。在节下约1cm处进行剪切。

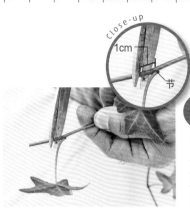

2 摘掉下叶。

3 用同样的方法制作多个插穗。

4 插到清洁的插条用土中，大量浇水。放置在半遮阴处进行管理，土壤表面干燥之后浇水。发根后，将插穗分别换种到观叶植物用土中。

天使泪

Soleirolia soleirolii

Data

科　名	荨麻科
别　名	婴儿泪、绿珠草
原产地	地中海北部沿岸

耐阴性	□有	☑普通	□无
耐寒性	☑有	□普通	□无
干　燥	□强	☑普通	□弱

天使泪

天使泪是原产于地中海区域科西嘉岛和撒丁岛的多年生草本植物，小叶密集生长在匍匐于地面的细茎上。天使泪喜高温多湿，不耐干燥，因此，需用喷雾器给叶片喷水，使植株健康生长。如果浇水过多导致的过湿状态一直持续的话，叶片会像腐烂一样变色枯萎。从气温开始逐渐升高的早春时期开始，管理植株时需注意防止闷湿。天使泪有叶片为橙绿色的品种，也有叶片上有不规则白斑的品种。观赏方式多样，可以被制作成迷你绿植，也可以进行水培、组盆等。

优质养护的诀窍

摆放场所

春秋：摆放在室内光照好的地方，避免阳光直射。
夏：摆放在明亮的遮阴处。由于不耐干燥，所以要放置在空调风吹不到的地方。
冬：0℃以上即可越冬。20℃左右为适合生长的温度，所以最好放置在室内光照好的地方。

浇　水

春夏秋：喜多湿环境，忌缺水。在盆土表面干燥之前浇水，也可以盆底供水。给叶片喷水会导致闷湿，需注意。

肥　料

春夏秋：每两个月在盆土上施一次迟效性固体肥料。
冬：不施肥。

病虫害

春夏秋：注意叶螨。

繁　殖

春夏：通过分株和插条进行繁殖。插条时，把茎剪成5cm左右，置于润湿的土中。用喷雾器给植物喷水，防止土干燥，如此便会发根。

分株的方法

对生长得过于茂密的天使泪进行分株繁殖。

	1月	2月	3月	4月	5月	6月	7月	8月	9月	10月	11月	12月
摆放场所		光照好的室内				明亮的遮阴处			光照好的室内			
浇　水	保持稍微干燥					每日					保持稍微干燥	
肥　料			施肥(每两个月一次)									
病虫害				叶螨								
繁　殖					插条、分株							

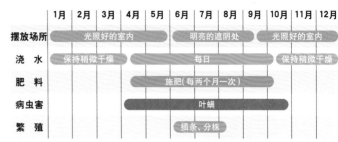

1

从盆中拔出植株,用手掰开根土结成的团,同时把植株一分为二。不好掰开时,用剪刀剪开。

2

把分开的植株分别种到新的观叶植物用土中。

3

种好之后大量浇水,放置在明亮的遮阴处进行管理。

浇水的方法

盛满水

天使泪最佳的养护方法是,保持茎和叶稍微干燥,土壤湿润。最好在托盘中盛满水,从盆底供水。托盘中的水用完后,继续补充。

OK!

NG!

不可从植株上方浇水,这将导致叶片闷湿,植株受损。浇水时需把叶片从根部掀起,直接向盆土浇水。

Q 天使泪的茎生长过长,植株姿态杂乱,该如何整理呢?

A 如果整体茎叶量很多,可以将天使泪换种到较高的盆中,使茎下垂。如果希望养得繁茂一些,可以把长出盆缘的部分修剪一下,等待发出新芽。在植物因闷湿和受损而叶片枯萎的情况下,也能够通过修剪使之再生。

Q 进入夏季,植株中央变为茶色并枯萎,这是为什么?

A 原因是过于潮湿导致的闷湿。天使泪不耐闷湿,所以,在夏季高温多湿的时期,有时会像腐烂一样枯萎。忌吹空调风,不过可以开窗通风,尽量使植株处于凉爽的环境。及时剪掉枯萎的叶片。

草胡椒属

Peperomia

Data

科 名	胡椒科
别 名	石蝉草
原产地	热带~亚热带

耐阴性	☑有	□普通	□无
耐寒性	□有	☑普通	□无
干 燥	☑强	□普通	□弱

草胡椒属·皱叶椒草
P. caperata

优质养护的诀窍

摆放场所

春夏秋：避免阳光直射，放置在室内明亮的遮阴处，植株会长得坚挺。
冬：越冬需5℃以上的温度。放置在室内的窗边，夜间避免寒气。

浇 水

春夏秋：盆土干燥后浇水。但如果浇水过多，茎叶会变软并腐烂。
冬：保持稍微干燥的状态。

肥 料

春夏秋：每两个月在盆上施一次迟效性固体肥料。
冬：不施肥。

病虫害

春夏秋：注意叶螨、介壳虫的发生。

繁 殖

初夏：通过插条、分株进行繁殖。为了防止植株处于闷湿状态，最好把植株隔开，插入剪下的茎。适宜换盆的时期5-8月。

草胡椒属有厚厚的充满光泽的叶片，是一种富有魅力的植物，在世界上有1000多种。有的种类的茎直立生长，有的茎为蔓生性，还有从短茎长出许多叶片而成为莲座状的种类。高度约30cm、直立生长的圆叶椒草的园艺品种有长着斑纹的叶片，斑纹为黄色或淡绿色。皱叶椒草为莲座状的类型，心形的小叶上有着细密的褶皱，所以被通称为"皱椒"。作为多肉植物，塔椒草、红椒草也很有人气，它们的叶片粗圆，小巧可爱。

草胡椒属·圆叶椒草

P. obtusifolia 'Variegata'

别名：卵叶豆瓣绿

圆叶椒草中有斑纹的品种。由于是半蔓生性，所以茎长长之后，整体变得不协调，需适当修剪旧枝，使植株再生。修剪下来的枝能够用于插条。

草胡椒属·塔椒草

P. columella

多肉性，略微不耐暑气。土壤完全干燥后浇水，尤其夏季要注意防止闷湿。

草胡椒属·红椒草

P. graveolens

多肉性，叶片的特点是外侧红褐色，内侧绿色。不耐寒暑，生长缓慢。冬季减少浇水，在室内明亮的场所进行管理。

	1月	2月	3月	4月	5月	6月	7月	8月	9月	10月	11月	12月
摆放场所		室内明亮的遮阴处						明亮的遮阴处		室内明亮的遮阴处		
浇　水		保持稍微干燥				土壤干燥后					保持稍微干燥	
肥　料					施肥(每两个月一次)							
病虫害				叶螨、介壳虫								
繁　殖					插条、分株							

观叶植物

草胡椒属

插条的方法

Close-up 5mm

1

在节上约5mm处的位置剪下10cm左右长度的枝。

2

5mm　5cm

将剪下的枝切分为5cm左右长度的小段。这时也在节上约5mm的位置进行剪切。

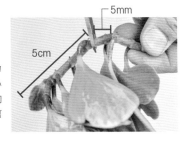

3

摘掉下叶，用作插穗。

4

插入到清洁的插条用土中，不要使叶片重叠，需大量浇水。约一个月发根，然后分别换种到观叶植物用土中。

119

一品红

Euphorbia pulcherrima

Data

科　名：大戟科
别　名：圣诞花、猩猩木
原产地：墨西哥

耐阴性	□有	☑普通	□无	
耐寒性	□有	□普通	☑无	
干　燥	□强	☑普通	□弱	

一品红园艺品种
Euphorbia pulcherrima cv.

优质养护的诀窍

摆放场所

春夏秋：喜日照，如果是15℃以上的温度，则使植株在室外充分接受光照。摆放在室内时，也最好是光照好的窗边。光线不足导致枝条徒长。

冬：需10℃以上的温度。窗边或玄关处较凉，夜间需用包装箱覆盖。温度较低时，苞叶不会长大。

浇　水

春夏秋：盆土干燥后大量浇水。

冬：减少浇水，保持稍微干燥的状态。

肥　料

春夏秋：每两个月在盆土上施一次迟效性固体肥料。

冬：不施肥。

病虫害

春夏秋：注意温室粉虱、介壳虫、蚜虫。在室内养护时容易生温室粉虱，需要做好通风来预防。

繁　殖

春夏：5月下旬至6月中旬通过插条进行繁殖。3-5月修剪旧枝和换盆。

每年一到12月，一品红即作为盆栽大量上市。像花一样色彩鲜艳的是苞叶，真正的花没有花瓣，看起来像在枝头长着许多颗粒。如果每天的日照时间在12小时以下，并且持续40~50天，则开始生出花芽，苞叶鲜艳。这时正值圣诞节时期，所以它是圣诞节不可或缺的盆栽。苞叶的颜色多姿多彩，以鲜艳的红色最具代表性，另外还有粉色、白色、带斑纹的品种等。盆栽一品红在3-5月需修剪旧枝，以便长出新芽。

修剪和换种的方法

	1月	2月	3月	4月	5月	6月	7月	8月	9月	10月	11月	12月
摆放场所	光照好的室内				光照好的室外						光照好的室内	
浇 水	保持稍微干燥				土壤干燥后						保持稍微干燥	
肥 料					施肥(每两个月一次)							
病虫害			温室粉虱、叶螨、介壳虫									
繁 殖						插条						

植株在 3-5月掉落下叶，这时对其进行修剪和换盆。

 4

使用观叶植物用土，将植株换种到大一号的盆中，并大量浇水。

1

在三分之一高度的位置剪掉所有枝条。

5

由于会长出新芽，所以在8月左右再进行一次修剪。距最初修剪的位置靠上2~3cm的地方进行修剪。

2

把剪掉枝的植株从盆中拔出。

Q 养了一盆去年冬季买的一品红植株，但今年苞叶没有变红，这是为什么？

A 给种在盆中出售的一品红进行短日照处理，即人为地缩短短日照时间，使苞叶变成艳丽的颜色。短日照处理从9月开始。每天进行图中的作业，持续40~50天，苞叶则变色。

3

轻轻掰碎根土结成的团，抖落一半左右的旧土。

进入9月之后，从傍晚5点到次日早上8点给植株覆盖一个瓦楞箱，完全遮挡室内外的灯光。白天使一品红充分接受光照。

绿萝

Epipremnum pinnatum 'Aureum'

Data

科　名：天南星科

别　名：黄金葛

原产地：所罗门群岛

	有	普通	无
耐阴性	☑	□	□
耐寒性	□	☑	□

	强	普通	弱
干　燥	□	□	☑

绿萝

优质养护的诀窍

摆放场所

虽然具有耐阴性，但如果在微暗的地方养护，带斑纹的品种则会发生变化。全年最好放置在光照充足的地方。

春秋：光照充足的室内。

夏：避免阳光直射，最好放置在阳光透过蕾丝窗帘照射到的遮阴处。

冬：需5℃以上的温度。喜高温多湿，因此在光照好的温暖室内进行管理。

浇　水

在因空调冷气或暖气而干燥的房间内，需给叶片喷水。

春秋：盆土干燥后浇水。

夏：每天浇水，防止盆土干燥。

冬：保持稍微干燥的状态。

肥　料

春夏秋：每两个月在盆土上施一次迟效性固体肥料。

冬：不再长新芽时，停止施肥。

病虫害

春夏秋：注意叶螨和介壳虫。

繁　殖

春夏秋：通过插条或分株进行繁殖。有斑纹的品种最好使用斑纹美观的叶片。适宜换盆的时期为5-8月。

绿萝的藤茎长得很长，绿色的叶片泛着光泽，颇具魅力。它耐干燥，只需把长长的藤茎插在水中就能生根，繁殖力强。虽然具有耐阴性，但如果希望保持润泽的叶片颜色，还是尽量在明亮的地方养护吧。

绿萝有很多人气品种："lime"的叶片是温柔的黄绿色，能够使人心情放松；斑叶绿萝（marble queen）的白色斑纹引人注目。最近也经常看到"enjoy"，一种在绿色叶片上长有白色镶边斑纹的品种。

	1月	2月	3月	4月	5月	6月	7月	8月	9月	10月	11月	12月
摆放场所		光照好的室内				明亮的遮阴处				光照好的室内		
浇 水		保持稍微干燥			干燥后		每日		干燥后	保持稍微干燥		
肥 料					施肥（每两个月一次）							
病虫害					叶螨、介壳虫							
繁 殖					插条、分株							

观叶植物

绿萝

Q 黄绿色的叶片开始变黄了，这是为什么？

A 黄绿色的叶片具有受到强光则变黄的特质。另外，如果在阴暗的场所，叶片的光泽也会消失。如果希望恢复漂亮的淡黄绿色，需避免阳光直射，将植物移动到室内明亮的遮阴处。

将下叶掉落的植株固定于桫椤树干的方法

在生长过程中，下叶掉落，或者叶片因冬季受寒而损伤掉落。

1 沿着桫椤树干把长长的藤茎从上向下牵引。把牵引下来的藤茎用园艺塑料绳固定在桫椤树干上。

2 把固定好的藤茎从下向上牵引。

3 沿着桫椤树干固定的叶量如果比较均匀，外观看起来会很协调。

水插繁殖的方法

1 在5-9月的生长期，剪下带两三片叶子的茎，插入水中。

2 不久就会长出根，所以既可以无土培养，也可以种在土壤中进行管理。

123

球兰属

Hoya

Data

科　名	萝藦科
别　名	樱花兰
原产地	热带亚洲、澳大利亚、太平洋诸岛

耐阴性	☑有	□普通	□无
耐寒性	□有	☑普通	□无
干　燥	☑强	□普通	□弱

球兰属·球兰"Variegata"
H. carnosa 'Variegata'

优质养护的诀窍

摆放场所

春夏秋：具有耐阴性，如果希望开花，需避开阳光直射，放置在明亮的遮阴处进行管理。
冬：越冬需5℃以上的温度。放置在光照好的室内。

浇　水

春夏秋：不喜欢过湿的土壤，所以待盆土干燥后再大量浇水。过于干燥时，给叶片喷水。
冬：减少浇水，保持稍微干燥的状态。

肥　料

春夏秋：每两个月在盆土上施一次迟效性固体肥料。
冬：不施肥。

病虫害

春夏秋：注意介壳虫和蚜虫。如果浇了水，叶片也枯萎，这种情况可能是线虫导致的。

繁　殖

春夏秋：通过插条进行繁殖。适宜换盆的时期为5-7月。由于根系比较脆弱，所以在换盆时注意不要损伤根系。

球兰属从蔓生性的茎长出气根，缠绕在其他树木或岩石上生长，它厚质的叶片和芳香可爱的花极具观赏性。市场上流通较多的球兰在冲绳和九州自然地繁衍生长，并且会开出樱花色的花，因此也被称作"樱花兰"。

球兰不耐受盛夏阳光的暴晒，但如果一直放置在稍阴暗的地方，则难以长出花芽。球兰耐干燥，不耐过湿的环境，所以在管理时保持稍微干燥的状态吧。不过，它还是需要一定湿度，如果空气过于干燥，需给叶片喷水。

球兰属·心叶球兰

H. kerrii　　别名：心形叶

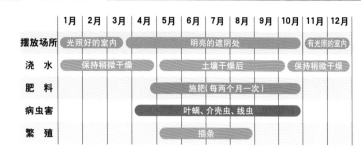

	1月	2月	3月	4月	5月	6月	7月	8月	9月	10月	11月	12月
摆放场所	光照好的室内			明亮的遮阴处							有光照的室内	
浇　水	保持稍微干燥				土壤干燥后						保持稍微干燥	
肥　料				施肥（每两个月一次）								
病虫害					叶螨、介壳虫、线虫							
繁　殖						插条						

叶片呈心形的心叶球兰有时仅以叶片插在土壤中的形式出售。管理时要注意防止过湿状态。

藤长长之后

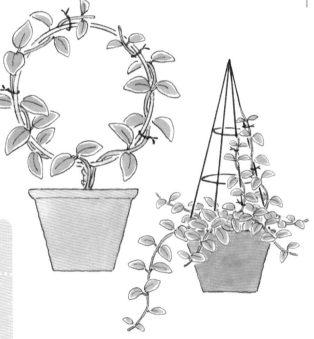

长长的藤上会生出花芽，所以不要剪断，利用支柱使其攀援生长。把藤缠绕于支柱，用绳子或铁丝固定。可以剪下植株中过于杂乱的枝。

Q 为什么我的球兰不开花？

A 球兰的花开在长长的藤的前端，当茎修剪得过短时，有时甚至会连花芽也一起剪下。开过一次花的茎会在每年都开花，藤长长之后不要剪断，可以立起支柱使其攀援生长。光照不足会导致不易开花。

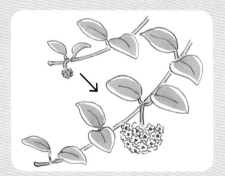

花开在长长的藤的前端，所以注意不要剪切花芽。

Q 叶片发黏，感觉像是沾了烟灰，这是病害吗？

A 这是遭受了介壳虫的危害。介壳虫吸取球兰的树液，排出糖分较高的分泌液，所以叶片发黏。感觉沾了烟灰可以认为是介壳虫引发了煤污病。请播撒药剂驱除吧。

南洋参属

Data

科　名	：五加科
别　名	：富贵木、台湾枫
原产地	：热带亚洲、太平洋诸岛

耐阴性	☑有	□普通	□无
耐寒性	□有	☑普通	□无
干　燥	☑强	□普通	□弱

Polyscias

南洋参属·蕨叶福禄桐
P. filicifolia

优质养护的诀窍

摆放场所

春夏秋：放置在光照好的场所，使植株接受光照。

冬：需要5℃以上的温度。放置在室内温暖的地方。白天也可以摆放在有阳光的窗边，但夜间需移动到温暖的地方，防止植株受寒。

浇　水

春秋：盆土干燥之后浇水。

夏：每天大量浇水。给叶片喷水，植株生长得会更好。

冬：保持稍微干燥的状态。

肥　料

春夏秋：每两个月在盆土上施一次迟效性固体肥料。

冬：不施肥。

病虫害

春夏秋：注意叶螨、介壳虫的危害。

繁　殖

春夏：通过插条进行繁殖。适宜换盆的时期为5—9月。

南洋参属是一种叶片形状、叶片裂口以及叶片斑纹都有多种变化的植物。蕨叶福禄桐的叶片分裂为羽状，植株成熟之后，裂口变浅，因此可以修剪旧枝，发出新芽。福禄桐的叶片呈没有裂口的圆形，有的园艺品种的叶片长有斑纹，呈现出一种非常独特的状态。由于南洋参属植物喜日照，所以当植株充分接受光照时，叶色更美观，植株也更苗壮。南洋参属植物也具有耐阴性，但如果光照不足，绿叶会变得不鲜亮，树干也会长得比较纤细。

	1月	2月	3月	4月	5月	6月	7月	8月	9月	10月	11月	12月
摆放场所	光照好的室内				光照好的位置						有光照的室内	
浇 水	保持稍微干燥			土壤干燥后		每日			土壤干燥后		保持稍微干燥	
肥 料				施肥(每两个月一次)								
病虫害				叶螨、介壳虫								
繁 殖					插条							

观叶植物

南洋参属

换盆的方法

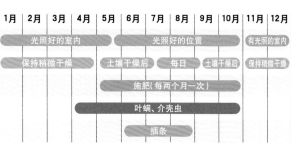

1

如果天气已经变暖,但植株还是没有发出新芽,那么有可能是根系堵塞导致的,所以需进行换盆。从盆中拔出植株,用园艺铲或刮刀刮去一半旧土,剪掉受损的茶色根系。

观叶植物用土

大粒的赤玉土

2

换种到大一号的盆中。土壤使用观叶植物用土,盆底铺上较大的赤玉土,使排水顺畅。

Q 蕨叶福禄桐原本呈羽状的叶片裂口变浅了,这是为什么?

A 幼株的叶片裂口较深,但在生长过程中长出成叶时,叶片形状发生变化,裂口会变浅。若在6-9月的生长期修剪掉成叶,就会发出裂口较深的新芽。

从根部剪下裂口较浅的成叶,新芽上会长出羽状叶。

插条的方法

把6-8月期间修剪下来的枝条用于插条。

1

把修剪下来的枝条剪切成10cm左右的小段,叶片剪掉一半左右。

2

在插穗的切口处涂上发根促进剂(▶P65),插入到清洁的插条用土中,大量浇水。在明亮的遮阴处进行养护,一个月左右发根,然后把插穗分别换种到观叶植物用土中。

Q 一直不发新芽,这是为什么?

A 不发新芽的状态根据购入的不同时期而有所不同。11-3月为低温期,由于温度不足而导致植株停止生长,所以即使不发新芽也不必担心。如果在6-9月这样的高温期不发新芽,那么有可能是根系堵塞导致的。请把植株换盆种植进行观察吧。

龟背竹属

Monstera

Data

科　名	天南星科
别　名	蓬莱蕉
原产地	热带美洲

耐阴性	☑有	□普通	□无
耐寒性	☑有	□普通	□无
干燥	□强	☑普通	□弱

龟背竹属·龟背竹
M. deliciosa

优质养护的诀窍

摆放场所

春夏秋：放置在室内明亮的遮阴处。也可以放置在室外通风较好的明亮遮阴处。

冬：比较耐寒，如果在不结冰的地方进行养护，也能够越冬。放置在室外时需注意防止霜雪冻害。

浇　水

天南星科的植物经常有水滴从叶片滴落。滴落的量较多时，需保持稍微干燥的状态。水滴落在地板上之后立即擦拭。

春秋：盆土干燥之后浇水。

夏：每天。在干燥的房间内也要给叶片喷水。

冬：减少浇水，保持干燥的状态。

肥　料

春夏秋：每两个月在盆土上施一次迟效性固体肥料。

冬：不施肥。

病虫害

春夏秋：注意叶螨、介壳虫。干燥时易发生虫害，所以需给叶片喷水或用湿布擦拭叶片表面进行预防。

繁　殖

春夏：通过插条进行繁殖。由于龟背竹具有自茎节生根的特质，所以，剪下龟背竹不带叶片的茎放在土壤上，即可繁殖。适宜换盆的时期为5~9月。

龟背竹是一种颇具特色的植物，它散发着光泽的巨大叶片上有深深的裂口或者窗户一样的孔。养护简单，适合新手种植。龟背竹能够被制作成迷你观叶，还能够以悬挂方式种植，观赏方式自由多样。在生长过程中，龟背竹的下叶会掉落，这时需对旧枝叶进行修剪，促使新芽发出。龟背竹经常长出气根，如果植株健康，也可以剪掉气根，剪切时从根部进行。龟背竹植株成熟之后会开花，花朵带有黄色的佛焰苞。龟背竹也有叶片带白色或黄色斑纹的园艺品种。

	1月	2月	3月	4月	5月	6月	7月	8月	9月	10月	11月	12月
摆放场所						明亮的遮阴处						
浇水	保持稍微干燥			土壤干燥后		每日		土壤干燥后		保持稍微干燥		
肥料					施肥(每两个月一次)							
病虫害					叶螨、介壳虫							
繁殖					插条、茎节扦插							

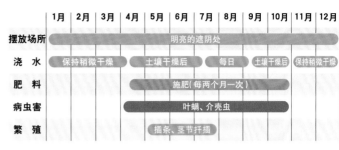

观叶植物

龟背竹属

龟背竹属·白斑龟背竹

M.deliciosa var.borsigiana'variegata'

叶长30~40cm,叶尖带红色。在明亮的遮阴处或光照好的地方进行养护。

龟背竹属·多孔龟背竹

M.friedrichsthalii

小巧的叶片上有很多孔是其特征之一。摆放场所最好是明亮的室内。喜高温多湿,需使用喷雾器对叶片喷水。避免阳光直射。

茎节扦插的方法

1 剪下一段茎,以每两三节为一小段对其进行剪切。如果有气根,剪掉即可。

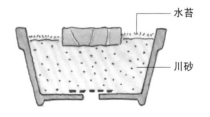

水苔

川砂

2 在川砂上面铺上水苔,横置切好的茎,以茎的表面从水苔露出的程度埋入。

3 浇水以防止水苔干燥。长出新芽之后,在茎埋入土中的状态下,用剪刀对茎进行剪切,来分开每个芽。

Q 使用空调调节温度,但叶片变黑了。

A 可能是空调冷风直接吹到叶片上导致的。把花盆移动到没有冷气直吹的地方,如果植株轻微受损,剪掉叶片变黑的部分即可。但如果植株整体受损,那就通过插条使植株再生。

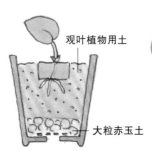

观叶植物用土

大粒赤玉土

4 长出叶之后,换种到盛有观叶植物用土的盆中。盆底铺上较大的赤玉土,使排水顺畅。

养护难度 🍃🍃🍃 简单

棕榈类

Palmae

Data

科 名:棕榈科
原产地:根据种类而不同

耐阴性　☐有　☑普通　☐无
耐寒性　根据种类而不同
干　燥　根据种类而不同

袖珍椰子
Chamaedorea elegans

优质养护的诀窍

摆放场所

春夏秋:略微耐阴,但喜强光的种类较多,所以最好放置在室外使植株照射阳光,这样,叶片更有光泽,植株更加茁壮。
冬:散尾葵需10℃以上的温度,可放置在室内温暖的场所。另外,根据种类的不同,所需的温度也不同,购买时最好在店里确认好。

浇　水

春夏秋:盆土干燥之后浇水。
冬:保持稍微干燥的状态。

肥　料

春夏秋:春季和秋季各在盆土上施一次迟效性固体肥料。
冬:不施肥。

病虫害

春夏秋:注意叶螨和介壳虫的危害。通过向叶片喷水或用湿毛巾擦拭叶片来防止叶螨。

繁　殖

夏:通过分株和压条进行繁殖。软叶刺葵等结果的植株可以通过实生(播种)繁殖,这种方式也充满乐趣。

世界上约有 2400 种棕榈科植物。日本自古以来广受欢迎的有观音竹和棕榈竹(▶P133)。原产于热带的棕榈类植物富有异域风情,不论大型小型的植株也都在市场上广泛流通,它们作为房间内饰而颇具人气。

棕榈科植物经常发生叶片变色的问题,原因多种多样,比如缺水、光照不足、叶片晒伤、受寒、根系堵塞等。可根据季节和环境进行判断。棕榈科植物基本上很难通过插条的方式生根,通常以分株或播种的方式进行繁殖。

	1月	2月	3月	4月	5月	6月	7月	8月	9月	10月	11月	12月
摆放场所	光照好的室内				光照好的室外						有光照的室内	
浇　水	保持稍微干燥				土壤干燥后						保持稍微干燥	
肥　料					施肥				施肥			
病虫害					叶螨、介壳虫							
繁　殖					分株、压条、实生							

観叶植物

棕榈类

大盆植株如何换盆

1 对大盆植株进行换盆时，提前约一个月停止浇水，待盆土干燥后进行。

2 如果有根系从盆底长出，事先剪掉长出的根。

3 从盆中拔出植株。如果盆较软，可以把盆放倒并用脚踩，这样比较容易拔出。硬盆可以用锤子敲碎。

4 用锯子把根土结成的团锯掉三分之一至一半。

5 与锯掉的根系相应，从根部剪掉2~3成叶片。

6 使用新的观叶植物用土进行换盆。换盆之后大量浇水。

水培养护的方法

1 迷你棕榈也可以通过水培的方式来观赏。从土壤种植的方式更换为水培时，需15℃以上的温度才能顺利地进行换种。如果是带土的植株，需洗掉根上的土。

水培球

防烂根剂

2 在底部没有孔的容器中铺上防烂根剂，然后放入洗过的水培球。为了方便观察浇水后的水位，推荐使用玻璃容器。

3 种入植物,然后浇水,浇到容器五分之一高度的位置即可。

4 水完全用完,水培球干燥之后,再浇五分之一的水。

散尾葵

Dipsis lutescens

这是一种姿态既优雅又潇洒的棕榈科植物,幼苗作为迷你观叶植物在市场流通。叶片开始交叉混杂在一起时,最好从根部修剪叶片,保持姿态美观。

软叶刺葵

Phoenix roebelenii

叶片集中生长于粗壮树干的顶端。具有耐寒性,不过,冬季还是在室内养护比较放心。注意不要使软叶刺葵吹到空调的暖风。夏季也需给叶片喷水,以防止缺水。

袖珍椰子

Chamaedorea elegans

棕榈类中较为小型的一种,也大多作为迷你观叶而流通。最好在明亮的遮阴处进行养护,冬季需要5℃以上的温度。生长期也需给叶片喷水,防止缺水。

缨络椰子

Howea forsteriana

具有耐寒性和耐阴性,在温暖地区的室外也能够越冬。叶片相对于叶轴垂直生长,呈现出大幅度弯曲而下垂的线条。缨络椰子的叶片掉落之后会在树干留下痕迹。

棕榈竹

Rhapis humilis

具有耐寒性和耐阴性。虽然不耐干燥，但过湿的环境会导致烂根，所以需在盆土干燥之后大量浇水。冬季保持干燥的状态。强风会损伤叶片。

观音竹

Rhapis excelsa

基本的管理方法与棕榈竹相同。若受到阳光直射，观音竹的叶片会因晒伤而变黑。强风和冷风也会损伤叶片。可以把变色的叶片端部按照叶片形状进行修剪。

Q 在室外养护散尾葵，结果枝干和叶片变黄了。

A 散尾葵的别名也叫做"黄金竹椰子"，若将其放在强光直射的地方，枝干和叶片都会变黄，这是它的一个特质，所以不必担心。如果是迷你观叶，有时会因土壤和水分不足而导致散尾葵叶片的黄色变深。

Q "椰子"到冬季枯萎了，这是为什么？

A 在棕榈类植物中，"椰子"喜温暖的场所，不耐寒冷，所以也是比较难越冬的种类。越冬最低也需15℃以上的温度。所以请在室内温暖的地方进行养护吧。如果有温室，就在温室中管理。冬季减少浇水，如果空气干燥，需给叶片喷水。

Q "袖珍椰子"叶片发白，没有活力。

A 发生叶螨虫害时，叶片看起来发白。检查一下叶片背面，如果有叶螨，立即使用药剂驱除。在水培而不是土培的情况下，也有可能是缺肥导致的。如果是春季至秋季期间，施加水培用肥料后观察一下吧。

Q 观音竹叶尖变黑，好像枯萎了一样，这是为什么？

A 可能发生了根系堵塞或烂根的状况。把植株换盆种植吧。去掉旧土和变黑的根系，然后种植到新土中。如果切除了很多导致烂根的根系，那么最好也剪掉三分之一左右的叶片，以防止蒸腾。

丝兰属

Yucca

Data

科　名	百合科
别　名	青年木
原产地	北美~南美

耐阴性	☑有	□普通	□无
耐寒性	☑有	□普通	□无
干　燥	☑强	□普通	□弱

丝兰属·象腿丝兰
Y. elephantipes

优质养护的诀窍

摆放场所

春夏秋冬：具有耐阴性，所以可以放置于室内，但由于丝兰属植物喜直射阳光，最好摆放在室外或有光照的窗边等处。

浇　水

春夏秋：盆土干燥之后大量浇水，直至水从盆底流出。
冬：减少浇水，保持稍微干燥的状态。

肥　料

春秋：春季和秋季各在盆土上施一次迟效性固体肥料。
夏冬：不施肥。

病虫害

春夏秋：注意介壳虫。发生虫害之后，用牙刷刮擦掉，或者播撒药剂驱除。

繁　殖

春夏：通过插条繁殖。适宜换盆的时期为4月上旬至9月中旬。

这是一种可适应北美洲至南美洲干燥地带的植物，能够长到十米之高。有些种类的果实、花和根能够食用。象腿丝兰通称为"青年木"，以此名称在市场流通。圆木一样的树干顶端生有剑状的绿叶，这是它的特征。细叶丝兰（▶P135）有发灰的绿色纤细叶片，密集生长在树干的顶端。

丝兰属植物耐寒，能够耐受 −3℃的温度，也耐受干燥，是适合新手养护的一种植物。虽然具有耐阴性，但充分接受光照会令丝兰属植物生长得更茁壮。

细叶丝兰

Y. rostrata

灰绿色的叶片顶端尖细，呈放射状生长，这是细叶丝兰的特征。喜稍微干燥的状态，所以最好使用排水好的土壤。能够耐受 −20℃ 的温度，因此在室外也能够越冬。

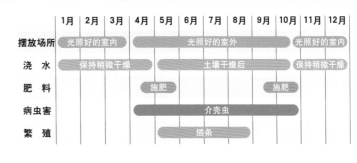

	1月	2月	3月	4月	5月	6月	7月	8月	9月	10月	11月	12月
摆放场所	光照好的室内			光照好的室外							光照好的室内	
浇 水	保持稍微干燥			土壤干燥后							保持稍微干燥	
肥 料				施肥					施肥			
病虫害				介壳虫								
繁 殖					插条							

修剪的方法

1 植株长得过高且只有节间生长时，在 5~8 月进行修剪使之重新生长。在恰当的高度把枝剪掉。

2 放置在明亮的遮阴处，保持稍微干燥的状态进行管理，1~2 个月开始发出新芽。

3 剪下的枝条上带有绿叶，在绿叶部分靠下约 10cm 处进行剪切，把留下的部分用于插条繁殖。放置在明亮的遮阴处，保持稍微干燥的状态进行管理，2~3 个月之后发根。

观叶植物用土

平时的养护

1 水分不足时，叶尖会枯萎变色。

2 把整体变成茶色的部分从根部拔掉，对于仅叶尖变色的部分，用剪刀沿叶片形状剪掉变色的部分。

Q 树干变软，好像腐烂了一样。

A 原因在于根系生长不良，进入了杂菌而腐烂。如果初期能够发现，在腐烂部分靠上的地方剪断树干，把剪下的部分剪成 10~20cm 的长度，在遮阴处放置数日，保持切口干燥，然后将其插入清洁的土壤中，进行繁殖。观察一下切口，如果腐烂已蔓延到树干中心，整体变软，则无法再生。

千叶兰属

Muehlenbeckia complexa

Data

科　名：	蓼科
别　名：	少女发、铁丝兰、千叶吊兰
原产地：	新西兰、澳大利亚

耐阴性	☑有	□普通	□无
耐寒性	☑有	□普通	□无
干　燥	☑强	□普通	□弱

千叶兰

优质养护的诀窍

摆放场所

春秋：放置在光照好或半遮阴的地方，保持通风良好。
夏：避免盛夏阳光直射，放置在明亮的遮阴处。
冬：能够耐受0℃的温度，不过，在室内光照好的地方养护最为安心。遭受寒风或霜冻会导致落叶，但如果植株活着，待春天气温回升之后，就会发出新芽。

浇　水

全年都需浇水防止盆土干燥。

肥　料

春秋：每两周施一次速效性液体肥料。
夏冬：不施肥。

病虫害

春夏秋：注意蚜虫、叶螨。通风较差时易生介壳虫。

繁　殖

春秋：通过插条或分株进行繁殖。适宜换盆的时期为春季和秋季。

千叶兰铁丝一样的细枝上长着 1~1.5cm 的小叶，并以匍匐状展开生长。生长旺盛，也具有耐阴性，能够摆放在室内任何场所。另外，千叶兰能够用于室外的地面覆盖绿植、墙沿绿化，还可以组盆或作为迷你绿植观赏。它不耐闷湿的环境，所以要保证通风良好。如果枯萎的叶子一直留在枝上，则不美观，一旦发现枯叶立即摘掉。

除了冬季之外，要注意防止缺水，如此才能使之茂密生长。枝叶逐渐变得浓密之后，分株繁殖或换种到大一号的盆中。

分株的方法

	1月	2月	3月	4月	5月	6月	7月	8月	9月	10月	11月	12月
摆放场所	光照好的室内			光照好的位置				半阴处	向阳处		光照好的室内	
浇 水	全年浇水防止盆土干燥											
肥 料				液肥					液肥			
病虫害				蚜虫、叶螨、介壳虫								
繁 殖			插条、分株						插条、分株			

枝叶繁茂并在盆中长满之后,进行分株和换盆。如果不分株而仅换盆的话,换种到大一号的盆中。

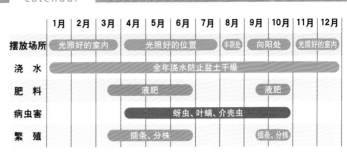

Q 据说千叶兰插在水中也能够发根,该如何操作呢?

A 千叶兰在水中难以生长。晚春至夏季期间,插在土中繁殖较为简单(▶P138)。另外,藤在接触土壤的状态下,会从接触土壤处发根。将其切下,换种到盆中,也能够繁殖。

1 从盆中拔出植株,把根土结成的团掰开,将植株分成2~3株。用手难以掰开时,可用剪刀剪开。

3 把分开的植株分别种到新土中。土壤需使用观叶植物用土。

2 掰碎土壤,去掉三分之一左右。

4 种好之后大量浇水,如往常一样管理。

137

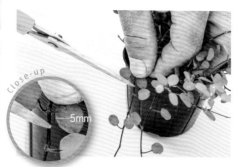

插条的方法

close-up

—5mm

1 把长得较长的藤蔓从顶端剪下5~10cm的长度。需在节上约5mm处进行修剪。

2 把剪下的藤蔓的下叶摘掉。

3 图中为剪成5~10cm长度的插穗。

4 插到清洁的插条用土中，大量浇水。在明亮的遮阴处管理，防止干燥。2~3个月之后，整体保持原状地换种到较大的盆中。换种最好使用观叶植物用土。

对下叶已掉落的植株进行修剪的方法

春季对放置过久而枯萎的植株进行修剪，使之再生。

1 把藤蔓顶端枯萎的部分剪掉。

2 整体把藤蔓的长度剪齐，长长之后协调性会较好。不过，为了去掉藤蔓中受损的部分，需把这部分藤蔓剪短。

3 修剪之后，过数周即发出新芽。枝叶开始变得茂密，可换盆或分株繁殖。

多肉植物

选一选！养一养！

多肉植物姿态独特，有些叶片肥厚，看起来像花一样，有些叶片紧闭，有些叶片具有透明感，有些叶片带刺。多肉植物大多健康茁壮，所以对于绿植新手而言也容易进行养护。为了能够长期观赏多肉植物，下面介绍一些基本的养护方法以及组盆等观赏方法。

优质养护的基本管理法

多肉植物大多生长在雨水较少的场所或岩石地带。为了在干燥的恶劣环境中生存，它们的根、茎、叶片都很肥厚，以此来储存水分。在四季分明的日本，多肉植物可以分为生长旺盛的生长期和停止生长的休眠期。因此，通常根据生长季节，把每种多肉植物分为春秋型种、夏型种、冬型种这三个生长型种。

生长型种虽然只是大致的分类，但如果能够了解每种多肉植物的类型，则更容易进行恰当的管理。在休眠期使植株停止生长，在生长期要进行分株或插条等繁殖作业、换盆作业。

基本的管理

摆放场所

多肉植物的原产地为中美洲和南非等光照强且环境干燥的地域。若在日本进行养护，关键点在于，根据生长型种，在每个季节需选择与其原产地相近的环境，以此决定摆放场所。

浇 水

根据生长期和休眠期改变浇水方式，这是要点之一。在生长期，待盆土干燥之后大量浇水，休眠期停止浇水使盆土变干。从休眠期向生长期过渡时，逐渐增加浇水；反过来，从生长期向休眠期过渡时，逐渐减少浇水。

一般来说，多肉植物根据生长周期可以分为三种类型。每种多肉植物的管理要点根据季节变换而有所不同，了解所养护的绿植属于哪个种类是很重要的。

型种的管理

春秋型种是在春季和秋季生长旺盛的类型，大多数春秋型种的生长适宜温度为10~25℃。夏季因暑热而生长不佳，冬季则由于寒冷而停止生长。景天科的拟石莲花属(▶P174)和景天属(▶P200)等多肉植物茎叶柔软、色彩鲜艳，营造出一种观花植物的氛围。

生长周期

大多喜强光，但也有像十二卷属植物(▶P210)一样不耐受强光的植物。夏季为了防止烂根和闷湿，最好停止浇水使之休眠。生长期也是病菌和害虫的活跃期，要注意防止病虫害。

 ## 摆放场所

春秋：生长期在通风良好的向阳处进行管理。
夏：放置在通风良好且能够避雨的明亮遮阴处。避免直射阳光。
冬：放置在气温最低能够保持在5~8℃且光照好的室内。避开空调暖风所吹到的地方。景天属和长生草属(▶P206)等耐寒类植物也可以放置在室外。

 ## 浇水

春：盆土干燥之后大量浇水，从6月下旬左右逐渐减少浇水。
夏：在雨淋不到的地方以稍微干燥的状态进行管理。大致每两周稍微用喷雾器给叶片喷一次水。
秋：盆土干燥之后大量浇水。
冬：在温暖的室内也会稍微生长，但此时也不需浇水，每两周向叶片喷一次水即可。从3月左右逐渐增加浇水。

同属春秋型种的品种

景天属·"龙血景天"
叶片在夏季时是绿色，照射充足的阳光之后，秋季变为漂亮的红色。

十二卷属·斑点玉露
放置在不受阳光直射的明亮场所，养护时需防止徒长。

拟石莲花属·"蓝鸟"
春秋季节如果接受充足的光照，低温时期叶片就会变成粉色。

型种的管理

夏型种是在夏季生长旺盛的类型,大多数夏型种的生长适宜温度为20~30℃。春季和秋季生长缓慢,冬季休眠。即便同为夏型种植物,其中既有天气越热生长越好的类型,也有过于炎热会导致生长不佳的类型。仙人掌科(▶P196)、龙舌兰属(▶P170)、大戟属(▶P214)等外形尖锐的多肉植物则属于这一类型。

生长周期

养护要点

大多喜强光,所以摆放在日照充足的地方。注意防止过湿导致烂根和闷湿。冬季完全停止浇水,在温暖的地方进行管理。

 摆放场所

春秋:在向室内和室外移动植株时,一点点地移动使之适应不同环境。
夏:放置在通风良好的向阳处。
冬:放置在最低温度能保持在5~8℃的、光照好的室内。避开空调暖风能吹到的地方。

 **浇水**

春:从4月至5月上旬逐渐增加浇水。
夏:土壤表面干燥后,在气温下降的黄昏至夜间大量浇水。在中午温度较高的时间段,如果叶片带水或者在莲座中积存水分,会导致闷湿,需要注意。如果夏季夜间持续高温,可在花盆的周围洒水,或者向叶片喷水,以降低温度。
秋:从9月下旬开始逐渐减少浇水,并持续一个月左右。
冬:基本上停止浇水,使盆土干燥。

同属夏型种的品种

大戟属·花麒麟

除冬季之外,使植株接受充足的光照。花朵枯萎后,摘掉花柄。

仙人掌科·雾栖

既耐寒也耐热,不过,冬季最好在室内管理。

龙舌兰属·笹之雪

喜强光,但需避免盛夏阳光直射。

冬型种的管理

冬型种是在冬季生长旺盛的类型，大多数冬型种的生长适宜温度为5~20℃，当气温达到一定程度时开始生长。不耐高温多湿的环境，即使是冬季，有时在高温多湿的室内也会停止生长。春季和秋季生长缓慢。独具特色的莲花掌属(▶P168)、肉锥花属(▶P194)、生石花属(▶P216)等则属于这一类。

生长周期

养护要点

夏季为休眠期，所以要避免阳光直射，将植物放置在明亮的遮阴处。为了防止烂根和闷湿，夏季停止对植株浇水，但是，对于有些种类，最好时不时给叶片喷水。冬季避免夜间寒气，别让低温损伤植株。

摆放场所

春秋：在向室内和室外移动植株时，一点点地移动使之适应不同环境。
夏：放置在能够避雨的明亮的遮阴处，保持通风良好。
冬：放置在面朝西南方向的窗边等日照良好的室内，晴天午后给室内换气，防止温度过高。

浇水

春：从5月上旬开始逐渐减少浇水，并持续一个月左右。
夏：在9月中旬之前不要浇水，对于耐干燥的种类，也不要给叶片喷水。
秋：从9月中旬开始逐渐增加浇水，并持续一个月。
冬：盆土干燥之后大量浇水。冬季浇水需避开早晚间较冷的时间段，最好在晴天的中午进行。

同属冬型种的品种

肉锥花属·清姬

从梅雨期开始减少浇水，夏季完全断水。

生石花属·红大内玉

不耐高温多湿的环境，所以夏季需放置在通风良好的遮阴处。

莲花掌属·登天乐

虽然是冬型种，但是不耐极端的严寒，所以冬季需在室内管理。

选土、肥料和病虫害

与一般植物相比，多肉植物不耐受盆中水分过多的状态。在选土时，基本上选择排水顺畅的土壤。另外，为了养出健壮的植株，预防病害也尤为重要。而且要根据需要施肥。

选土

休眠的多肉植物根系几乎不吸收水分，因此，为了防止烂根，需使盆土处于干燥的状态。为了盆土能够完全干燥，需使用排水良好的土壤。

可以使用市售的多肉植物用土，但最好结合所摆放的环境和浇水次数等个人的种植方式，把土壤混合使用。关于土壤，请参照第18页。

熏炭

珍珠岩

小粒赤玉土

河砂

腐叶土或泥炭土（已调整pH值）

小粒鹿沼土

1 1 2 2 2 2

排水顺畅的土壤调配范例

排水顺畅，不易变成过湿的状态。另一方面，因为水分容易排尽，所以浇水的频率需增多。适合于块根植物和大型植物。

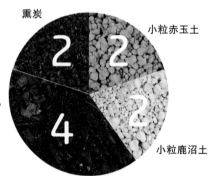

熏炭

小粒赤玉土

腐叶土或泥炭土（已调整pH值）

小粒鹿沼土

2 2 2 4

保水良好的土壤调配范例

保水性较好，水分不易用尽。但是，休眠期容易变成过湿状态，导致烂根。在6号以上的盆底部铺上赤玉土，优化排水。

多肉植物用土

熏炭

由稻谷壳低温烘烤而成。透气性良好，保水性和排水性也俱佳。

河砂

排水性良好，与赤玉土和鹿沼土混合使用较好。

肥料

少量施肥是养护多肉植物的要点之一。施肥只在生长期进行，休眠期不施肥。对于叶片会变红的品种，如果肥料功效持续到秋末，叶片则不会变色，因此要提前停止施肥。

关于施肥的次数，如果是迟效性肥料(▶P19)，则每两个月少量施一次。如果是速效性肥料(▶P19)，则一周一次，以规定的倍率稀释，然后进行二倍稀释，如此操作之后再施用于植株。

多肉植物常见的病虫害

软腐病

易发生在6月中旬至7月中旬。一旦从茎、叶、花径的伤口处感染细菌，伤口就会腐烂，发出异味。趁病害没有扩散，切下腐烂的部位，用杀菌剂消毒，放置一段时间等它完全变干，然后换种到新土中。植株整体遭遇病害时，把植株和土壤都处理掉。

介壳虫

全年都会发生，通风不好更容易导致虫害。症状是植物的茎、叶、花茎等被吸汁的部位萎缩、变形。幼虫能够通过播撒药剂驱除，但药剂难以对成虫起作用，因此需要用牙刷刷掉。

蚜虫

3-5月多出现在新芽和花上。被吸汁的部位萎缩、变形，蚜虫的排泄物也会导致植物的表面发黏。虫害不严重时，可以用牙刷或毛笔头刷掉。

叶螨类

4-10月主要出现在新芽上。症状是被吸汁的部位萎缩或变色，不久变成疮痂状。

蓟马

4-10月主要出现在新芽或花上。症状是被吸汁的部位萎缩或变色，不久变成疮痂状。虫害不严重时，可以用毛笔尖擦掉。

病虫害

在病虫害的预防和驱除中，早期发现是最重要的。每天观察植株的状态，确认有无微小的变化。预先了解每种病害的症状，一旦发生之后，尽快播撒药剂驱除。在室内管理植株时，保持通风良好，这样能够有效防止病虫害。

使用园艺药剂时的注意事项

植物生病时一般使用防治病原菌的杀菌剂，驱除害虫一般使用杀虫剂。在明确了病虫害种类的情况下，最好选择专用的药剂，但对于新手而言，兼具杀虫和杀菌功效的杀虫杀菌剂比较好用。

根据农业管理法的规定，需选择植物能够使用的药剂。使用时必须阅读注意事项，遵守使用方法。药剂播撒在室外进行。

多肉植物

养一养！

③

换盆的方法

基本的换种方法①

图片为茂盛的仙人棒属植物（▶P218），将其从塑料盆换种到陶器盆中。

1

在陶器盆的底部铺上盆底网，填入多肉植物用土，达到三分之一的高度。

2

从塑料盆中拔出植株，轻轻抖掉土团上部和底面的土。

当植株长势杂乱并且在盆中挤满，水分难以渗入盆土中时，在适度大小的盆里填入新土，把植株栽入。新的土壤使植株容易吸收水分、营养和氧气。通常一两年换种一次，生长缓慢的植物两三年换种一次。

换种的大致频率

一两年一次

青锁龙属、拟石莲花属、景天属等景天科的多肉植物生长较快，至少两年换种一次。

两三年一次

仙人掌、茎干多肉植物生长缓慢，根据生长情况，两三年换种一次。

3 把植株放在盆中央，向盆中加土，埋住植株的根部。

浇水空间

4 用细棒戳土，土壤会向根系之间流动，让土壤填充缝隙。注意不要伤到根系。土壤填到自盆边缘靠下2~3cm的位置，这个空间是浇水时防止水或土溢出的浇水空间。

5 四五天之后开始浇水。一两年换种一次。

基本的换种方法②

把子株增多的芦荟(▶P172)换种到比现在大1~2个号的盆中。

1 在大盆的底部铺上盆底网，填入多肉植物用土，达到盆高度的三分之一左右。

3 把植株放入大盆，填入土壤，并埋住整个根土结成的团。

2 从原来的盆中拔出植株，摘掉枯叶和受损变色的叶片。拔不出来时，用剪刀从根部剪断。

4 换种4~5天后开始浇水。

不希望植物长得过大时的操作

从盆中拔出植株之后，掰碎根土结成的团，对根系进行修剪，仅留下3cm左右的根，在遮阴处放置数日。待根系干燥之后，换种到相同大小的盆中。新根长出之后，过1~2周开始浇水。

147

养一养！

④

基本的繁殖方法

分离子株的分株繁殖

图片为母株周围长出子株的龙舌兰属植物（▶P170）。分离母株和子株。

1 连续几天减少浇水，从盆中拔出植株。不好拔时，在盆和土之间插入刮刀，这时会产生空隙，容易拔出。

2 用手掰碎根土结成的团，理顺根系，取下子株。根系会被剪断一些，但依旧能够再生，所以不必担心。

3 使用新的多肉植物用土，把母株栽入原来的盆中，子株栽入塑料盆中。

4 在有多棵子株的情况下，用同样的方法种植。4~5天之后浇水。

繁殖多肉植物一般通过分株、插条、叶插进行。分株是把一棵植株分成两棵以上进行繁殖的方法。插条是通过剪下茎或枝插入土中使其发根的繁殖方法。叶插通过把叶片放置在土壤上使其发根而繁殖。这几种都是失败率较低的方法，所以大量繁殖植株来观赏吧。

小盆中的植株的分株繁殖

图片为长出子株之后盆中变得拥挤的十二卷属植物（▶P210）。把子株逐棵切下进行分株繁殖。

1 把从几天前就已减少浇水的植株从盆中拔出。

2 用剪刀从根部剪下子株。

4 在不太深的盆中薄薄地加入约1cm厚的虾夷砂。虾夷砂为北海道产的火山砾，可以与鹿沼土一起使用。

5 将极小粒赤玉土和虾夷砂多次逐层地交替加入。

6 用镊子夹住子株插入土中，不要让子株倒下。

图片为剪下来的子株。在半遮阴处放置3~4天，使切口变干。

3

7 4~5天之后浇水，每周大量浇水一次。1~2个月之后，分别换种到单独的盆中。

基本的插条方法

有茎的植物种类大多通过插条来繁殖。

1

在较浅的容器中加入土,最好是插条用土或多肉植物用的清洁的土。

2

在距茎的顶端5~6cm处剪下用作插穗,把插穗置于半遮阴处3~4天,使切口变干。

3 插穗的切口变干之后插入土中,注意不要使插穗倒下。如果插穗很小,用镊子夹着比较容易插。4~5天之后浇水。

匍匐生长型植株的插条方法

1

剪下景天属植物(▶P200)长长的茎。也可以把整体剪短。

2

图片为剪下来的插穗。

3

在盆中加入多肉植物用土,把剪下来的插穗集中于土壤上。

4

从插穗的上方轻轻把土倒入,敲击盆底,使插穗和土混合。茎也可以不埋进土中。

两个月后

5

4~5天后浇水。如果插条在春季进行,2个月左右就会长得很茂盛。

自叶片生根的叶插繁殖

1

在容器中浅浅地铺一层虾夷砂,在上面轻轻撒入极小粒赤玉土。

2

把叶片置于土壤上,不需要埋进土中。可以把从植株上取下来的叶片直接放置于土壤上。

3

保持原样放在明亮温暖的地方,避免淋雨,也不要浇水。

适合叶插繁殖的植物

叶片容易自然掉落的多肉植物容易通过叶插成功繁殖。在拟石莲花属、风车草属、景天属中,有许多容易发根的植物。由于根系从叶片根部长出,所以最好将叶子连根取下来。小叶片往往比大叶片更容易发根。

叶插之后的生长

进行叶插繁殖之后,1~2个月发根,长出新芽。

把已发根的叶片放在土壤上,新芽会逐渐长大,长成小型的植株。原先的叶片会枯萎并逐渐消失。

151

⑤

保持美丽姿态的翻新方法

茎枯萎的青锁龙属植物

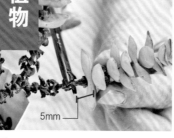

青锁龙属植物（▶P184）的下叶掉落枯萎是其本来的特性，而不是遭受了病害。但是看起来不美观，因此需要翻新。

将枯萎的茎保留5~10mm剪下。

1

5mm

2 把较长的茎切成3~5cm的小段，摘掉下叶。

3 在遮阴处放置数日至一周，使切口变干。

4 把剪下的部分插入到插条用土或清洁的多肉植物用土中，需把茎埋入土中。

5 放置于遮阴处，发根并长出新芽之后浇水。然后如往常一样管理。

植物如果无意中被放置很久没有得到照料，就会失去活力，叶片脱落或变色，外观变差。发现这种状况之后要立即处理，有时也能恢复健康的状态。多肉植物再生能力很强，即使看上去已经枯萎，也很有可能使之再生。

下叶掉落的伽蓝菜属植物

使用有叶片的部分进行插条繁殖

伽蓝菜属植物（▶P182）在生长过程中，下叶会掉落，因此使用有叶片的部分进行插条繁殖。

1 在每条茎的大致中间部位进行剪切。

2 然后，在从顶端向下约5cm长的位置进行剪切，摘掉下叶，作为插穗。

3 把插穗放置在遮阴处数日至一周，使切口变干。

4 在插条用土或多肉植物用土中插入插穗。如果希望发根后保持这样的状态进行养护，那么在插入时避免叶片紧挨在一起。

5 放置在半遮阴处，发根并开始长出新芽之后浇水。

对原来的植株进行换种

把上部被剪掉的伽蓝菜属换种到新盆中，使之再生。

1 从盆中拔出被修剪的原来的植株，抖掉旧土，剪掉变色损伤的根系。

2 在盆中加入新的多肉植物用土，到约三分之一的高度。

3 把植株放在盆中央，继续填入土并埋住根系。

4 放置在半遮阴处，4~5天后开始浇水。开始发出新芽之后，如往常一样管理。

组盆的基本要点

很多较高类型的多肉植物的下部没有叶片，在其下方多种一些植物可以提高协调性。

多肉植物中，即使是几厘米的小型植株也能够组盆，茂盛的外形小巧玲珑，很受欢迎。叶片变红的多肉植物也很多，外表十分艳丽。组盆时选择同类植物，这样容易进行管理。

准备用品

- 盆
- 盆底网
- 土：赤玉土、腐叶土、砂土
  比例3：1：1
- 镊子
- 植物：拟石莲花属3种、景天属2种、十二卷属

种植方法

1 把植株从盆中拔出，稍微抖落根土团上部的土。

2 在组合种植所使用的盆底铺上盆底网，先给较高的植株选定位置，然后种进去。

3 为了使整体的外形看起来饱满，一边注意观察协调性，一边植入景天属以外的植株。

4 在空出的间隙中填入土，对于细小的部分，用勺子更容易操作。

5 去掉景天属植物的根土团下半部分的土，然后把植株分为小株，以便栽入盆中。

6 用镊子夹住植株的根系，并使根系与镊子平行，然后一边用镊子尖在土中戳开小洞，一边植入植株。

7 用同样的方法把另一种景天属植物用镊子夹住，使根系与镊子保持水平地栽入盆中。注意观察整体的协调性，多次少量地栽入，以填满间隙。

8 把叶片带斑的植株之间隔开距离种植，这样会营造一种宁静的氛围。4~5天后浇水，在明亮的遮阴处管理。

塔式组盆

把2~3个大小不同的盆做成垒搭的阶梯，可以欣赏到风格稍不同的组盆方式。把木棒插入盆孔中，使层叠的盆相连，因此不用担心掉落。这种组盆方式节省空间，不占地方，而且外形美观。

把蔓生性植物种在最上一层，色彩鲜艳的植物散落下来会使造型更可爱。考虑到植物的生长，最好不要种得太密集，要留出空间。

准备用品

● 盆3个：内径17cm、内径11.5cm、内径8cm
● 盆底网
● 园艺铲或者勺子
● 长约25cm的木棒
● 镊子
● 土：赤玉土、腐叶土、砂土
比例3：1：1
● 白砂
● 剪刀
● 植株：青锁龙属3种、景天属、
　　圆扇八宝、月牙项链

种植方法

1 在最大的盆中铺上盆底网，填入土。插入木棒并伸到盆底，然后穿过第二个盆，并与下方盆的边缘对齐，填入土。也用相同的方法叠加最上面的盆，填入土。

2 确认盆不会摇晃。

3 用手掰碎植物附着的土，将其分成小株。

4 选定主要的植物，把分开的小株种到三个盆中。一边用镊子戳开小洞，一边栽入植株，这样更容易操作。

5 将突出来的木棒按盆的高度剪断。

6 一边观察协调性一边将剩下的植株栽入盆中。颜色深浅相宜地配置植株，看起来会更悦目。把枝条下垂的植物种在上面。

7 种好之后，在能够看到的土壤表面铺上白砂。

8 4~5天后浇水。如果茎长得过长，就剪下用于插条。

157

悬挂组盆

悬挂组盆的方式适合不耐湿的多肉植物。在生长期，大约一周浇一次水。

在悬挂式组盆中，需在铁丝筐中铺上椰壳纤维，防止土壤流失。种植的关键在于，不管从哪个方向看，都能观赏到植物的姿态。最好选几种下垂性的植物。

准备用品

- 悬挂用的筐
- 椰壳纤维
- U形发夹
- 园艺铲或者勺子
- 土：赤玉土、腐叶土、砂土
  比例3：1：1
- 植物：风车草属（胧月）、景天属（铭月）2株、绿之铃、斑锦花蔓草2株

种植方法

1 将少量椰壳纤维揉成几个团，然后展平。

2

将一团椰壳纤维从筐底部顺着侧面铺满。

7

用U形发夹把绿之铃的根系夹住。

3

在铺好椰壳纤维的筐中加土到三分之一的高度。

8

把用发夹夹住的绿之铃逐一插入土中。观察整体的协调性，把植株分别种在三个空间中。

4

把这个筐悬挂起来之后，空间被三等分，因此在种入主要的植物时，要保证能够从各个空间观赏到植物。

9

用勺子在间隙中填满土。

5

一边观察三个空间的协调性，一边放入绿之铃以外的植物，并把土填充在间隙中。用木棒戳一戳土壤，使它流到底部。

10

为了不使土壤外露，把在步骤1中做好的椰壳纤维塞到植株之间。

6

去掉附着在绿之铃上的土，把植株分成三棵。

11

由于三个空间中都有植物，因此，在悬挂时能够从任意方向观赏到。由于椰壳纤维被分成小份塞到植株之间，因此在分开这些组盆的植株时能够被轻易取出，不会掺到土中。

尝试一下别致的悬挂方式吧

简单
悬挂

即使没有悬挂式花盆，用麻绳也能体验悬挂式盆栽的乐趣。把麻绳相互打结成网状，无论什么形状的容器都能被悬挂起来。一旦记住这一点，悬挂法用起来就会非常方便。

准备用品

● 空罐子
● 麻绳：双手展开长度的 1.5倍，4根
● 透明胶

制作方法

1

把每两根麻绳对折成圆圈，把B线圈插入A线圈。

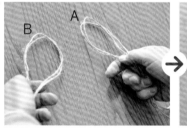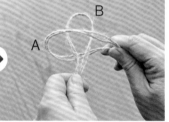

2

把手指放入B线圈，抓住A线圈垂下的绳子拉过来。

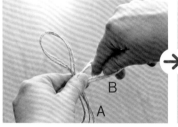

3

直着拉伸线圈A和B，制成绳结。

4 将麻绳的绳结与空罐子底部的中心位置对准，粘上透明胶将其固定

8 按照步骤6~7的打结方法，反复打结，直到与空罐子高度相同。

5 将麻绳伸展成十字形，与空罐的角对齐，每两根绳打一个结。

剪断

9 将空罐反过来，把全部麻绳束成一束，系一个结，这样能够悬挂起来。用剪刀剪掉多余的绳子。

6 从相邻的绳结各取其中的一根麻绳打结，使其变成菱形。

10 绳结稍微偏一点也没关系。即使是同一容器，改变麻绳的长度就可以改变悬挂的位置。

7 其余的部分也和步骤6一样，用同样的手法将绳子系起来。

利用空罐子制成的盆，即使生锈也能营造出很好的氛围。

组盆玻璃容器

容器栽培有一种干燥的热带稀树草原的印象。有了盖子就能调节温度和湿度。

这是一种在玻璃容器中栽培植物的方式。由于容器没有孔，因此有必要控制浇水。最好选择仙人掌等耐干旱的植物。在处理带刺的植物时，带上橡胶手套并使用镊子较为方便。

<blockquote>▶ 准备用品</blockquote>

- 玻璃容器
- 橡胶手套
- 镊子
- 勺子
- 喷雾器
- 密胺海绵
- 白砂
- 小粒赤玉土
- 砂土
- 植物：仙人掌3种、十二卷属2种、大戟属

种植方法

1

在玻璃容器中加入约1cm高的白砂。白砂的砂尘会弄脏容器边缘，因此要慢慢加入。

2

戴上橡胶手套，用手拿着植物从盆中拔出，将土轻轻抖掉。

3

用镊子夹住植物，将植株暂时放置到容器中。

4

一边不时地观察整体，一边调整着比例进行植株的配置。

5

填入土壤把植物根系埋起来。这时，交替地填入赤玉土层和砂土层。

6

用镊子或木棒戳一戳土壤，使土和砂填满植物之间的间隙和细小的缝隙。

7

用喷雾器喷水，润湿土壤，也给植物喷水，冲洗灰尘。

8

用密胺海绵擦掉容器上附着的水滴和污垢。

9

在土壤完全变干之后，用喷雾器浇水，润湿土壤。

组盆 与观叶植物

植物在生长过程中，逐渐覆盖整个架子。

准备用品

- 盆 ● 盆底网
- 制作架子用的粗铁丝（粗2.6mm）
- 细铁丝 ● 小夹子
- 麻绳 ● 镊子
- 钳子
- 土：赤玉土、腐叶土、砂土 比例3：1：1
- 植物：绿之铃、常春藤(叶片较小的品种)

将多肉植物绿之铃与观叶植物常春藤一起组盆，使藤蔓缠绕在地球仪一样的圆形架子上。在植物生长缓慢的冬季应该比较容易操作。如果是手工制作的架子，需做成适合手拿的盆一般的大小。

种植方法

1 ——用细铁丝固定

用粗铁丝制作两个比盆的直径大一圈的铁圈，像图片所示那样将两个铁圈合为一体。这就做成了架子。

2

在架子的底部缠上细铁丝，使铁丝穿过盆孔。在盆的底面安装铁网，固定住铁丝，以此把架子固定在盆上。

8

按照藤蔓长短，依次以6~7的步骤向同一个方向缠绕。为了填满叶片间的空隙，要在整个架子上缠绕藤蔓。

3

在架子的下半部分缠绕细铁丝，并以制作成球体的方式缠绕。

9

向整个盆中加土。用木棒戳土，使之填满空隙。

4

加土至盆三分之一的高度。

10

用麻绳把小夹子夹住的位置固定。首先在架子上系绳，以数字8的形状捆住藤蔓，然后打成蝴蝶结。

5

掰掉常春藤所附着的土，把植株分成小株。

11

将绿之铃分成小株。

6

用镊子夹住藤蔓最长的常春藤的根系，从缠绕于架子的铁丝的最下层放到盆中。

12

按照藤蔓的长度，依次用镊子夹着种植。把藤蔓缠绕在架子或常春藤上。

7

自下而上使藤蔓沿着球体延伸。用小夹子在各处固定藤蔓。

13

最后在表面覆盖一层土，大量浇水。放置在明亮的地方，等盆土变干之后再浇水。

人气多肉植物指南

在此介绍人气多肉植物的特征以及培养方式的要点。请把该指南作为参考来选择植物，并对其进行长期养护。另外，在本书没有特别说明的情况下，介绍的都是日本关东以西地区的基本栽培方法。

生长型种

标注春秋型种、夏型种、冬型种这几个生长型种。每个属的生长型种在此处加大显示。在相同的属中有个别不同的类型时，会根据每种植物进行标注。

指南的阅读方法

养护难度

🌿 ——难

🌿🌿 ——普通

🌿🌿🌿 ——简单

养护难度 🌿🌿🌿 简单

冬 种

莲花掌属

Aeonium

黑法师

A. arboreum 'Zwartkop'
尺寸：高 50cm
特征 呈树丛状，有光泽的黑色叶子像伞一样展开。
便条 分株繁殖。

多数莲花掌属的小匙子形叶子都是像花朵一样呈现出玫瑰花状，外表看起来很可爱。有像"黑法师"一样向上延伸长成树丛状的，也有像"明镜"一样基本没有茎的，形状和性质各异，栽培的难易程度也各不相同。

等植株长得饱满充实一些后，花茎就会在春天伸长然后开花，花谢之后从侧面长出枝条，生出子株。如果是盆栽的话，开花会消耗子株生长的能量，导致长不出子株，因此要在开花之前将花茎切下来或及时采摘种子。

168

植物名

基本都是以属名来表示，但也有一部分以科名表示。用拉丁字母表示的是学名。

新手标志

划分为对于新手来说也易养护的一类。

解说

说明植物的特征。

166

植物的性质

耐阴性：摆放场所的标准
    有：即使在太阳晒不到的地方也能
        苗壮成长的植物。
    一般：最适合放在明亮的背阴处的植物。
        避免阳光直射。
    无：一天中必须见光的植物。

耐寒性：必要的最低温度标准
    有：越冬的最低温度必须在0℃以上的植物。
    一般：越冬的最低温度必须在5℃以上的植物。
    无：越冬的最低温度必须在10℃以上的植物。

干　燥：浇水的标准
    强：盆土完全变干，土壤表面变白后的
        2~3天后浇水。
    一般：盆土变干，拿起盆感觉很轻时浇水。
    弱：盆土表面变干后浇水。

资料

了解科名、别名、原产地等。

日历

整个一年期间的养护方法一目了然。

Q&A

培养时的要点和问题的解决方法等都以问答的形式解释。

优质养护的诀窍

分5个主题介绍养护方法。

相同种类的介绍

在此介绍同一属种的植物或性质相似的植物。
尺寸：是指在日本进行盆栽时培养成的标准尺寸。标准难以决定的不做记载。
特征：该植物的特征。
便条：除了普通的培养方式以外，培养该植物时最好提前了解的知识。

莲花掌属

冬 种型

Aeonium

Data	
科　名	景天科
别　名	莲花掌属
原产地	加那利群岛、马德拉群岛、东非等地

	有	普通	无
耐暑性	□	□	☑
耐寒性	□	☑	□
	强	普通	弱
干燥	☑	☑	□

黑法师

A. arboreum 'Zwartkop'

尺寸:高50cm

特征 呈树丛状，有光泽的黑色叶子像伞一样展开。

便条 分株繁殖。

优质养护的诀窍

摆放场所

春秋:放在明亮的向阳处。
夏:放在明亮的半阴半阳且通风较好的雨淋不到的地方。因种类不同而有所不同，由于耐热性比较弱，夏季休眠时要注意高温和蒸腾。
冬:放在室内有阳光的地方。

浇　水

春:气温开始上升时慢慢减少浇水。
夏:完全停止浇水，使其变干。
秋:9月中旬至10月末，花盆中的土壤变干之后每周大量浇水一次。
冬:花盆中土壤变干之后大量浇水。

肥　料

春夏秋:不施肥。
冬:在土壤上面每两个月施一次迟效性的固体肥料。如果是速效性的肥料就一周一次。

病虫害

春夏秋:经过一年的时间在干燥的环境中有时会发生粉蚧病虫害。一旦发现需用沾有药剂的抹布除掉。

繁　殖

秋冬:有分株、插条、实生等繁殖方法，种类不同繁殖方式不同。换盆在生长期内进行。

多数莲花掌属的小匙子形叶子都是像花朵一样呈现出玫瑰花状，外表看起来很可爱。有像"黑法师"一样向上延伸长成树丛状的，也有像"明镜"一样基本没有茎的，形状和性质各异，栽培的难易程度也各不相同。

等植株长得饱满充实一些后，花茎就会在春天伸长然后开花，花谢之后从侧面长出枝条，生出子株。如果是盆栽的话，开花会消耗子株生长的能量，导致长不出子株，因此要在开花之前将花茎切下来或及时采摘种子。

爱染锦

A. domesticum
'Variegatum'

尺寸：莲座丛直径10~15cm

特征 中心是淡杏色，与奶油色的斑点叶形成对比，非常美。

便条 在莲花掌属中耐寒性较弱，冬季放在5℃以上的温度中管理。通过插条的方法繁殖。

	1月	2月	3月	4月	5月	6月	7月	8月	9月	10月	11月	12月
摆放场所	光照良好的室内			向阳处		凉爽且明亮的半阴处				向阳处	室内	
浇 水	盆土变干之后			逐渐减少		断水（必要时给叶子喷水）			逐渐增加		盆土变干之后	
肥 料	堆肥（两个月一次）										堆肥	
病虫害	粉蚧病虫害											
繁 殖	分株、插条、实生									分株、插条、实生		

Q 正在养"黑法师"。分株后其中一枝出现了绿叶，这是为什么呢？

A 黑法师的枝条会发生变化，有时叶子的一部分会出现隔代遗传，保持原来的性质生长，它的枝条中就会出现绿色的叶子。出现长出绿叶的枝条，就在根部的位置将其切掉。

明镜

A. tabuliforme

喜欢明亮的场所

尺寸：高度3~8cm，
莲座丛直径5~30cm

特征 叶子的表面长出短毛。

便条 如果日照不足，莲座丛就不会美丽又平整。通过分株或种子来繁殖。

小人祭

A. sedifolium

尺寸：高度10~15cm

特征 通常根部分枝，长成矮小的灌木状。

便条 通过插条或实生的方式繁殖。

登天乐

A. lindleyi

尺寸：高度5~20cm

特征 呈灌木状，不太高，但是植株一旦长得充足紧密起来，枝条就会横向延伸。

便条 通过插条或分株的方式繁殖。

富士白雪

A. 'Fuji-no-shirayuki'

尺寸：高度10~15cm

特征 绿叶中夹杂白色斑点。叶子上有短毛，触碰会感觉有黏性。

便条 通过分株或插条的方式繁殖。

龙舌兰属

Agave

笹之雪　春秋 种型

A. victoriae-reginae

特征 剑状叶子上的白色斑点像带子一样纵向伸入,叶子的边缘有长纤维一样的白线。

Data

科　名	:龙舌兰科
别　名	:龙舌掌、番麻
原产地	:北美中部~南美

耐暑性	☑有	□普通	□无
耐寒性	□有	☑普通	□无
干　燥	☑强	□普通	□弱

优质养护的诀窍

摆放场所

春:放在日照良好的室内,到了4月就慢慢地往室外移动。
夏秋:放在通风良好的向阳处,使其充分接受阳光照射。梅雨期前后可以淋雨,但是梅雨期间需移到雨淋不到的通风良好的地方。
冬:日照良好的室内。

浇　水

春:由冬天的停止浇水慢慢开始增加浇水。盆土变干后等几天再浇水。
夏:盆土变干之后大量浇水。
秋:盆土变干后等几天再浇水。等待期间花茎慢慢伸长,要减少浇水。
冬:停止浇水。

肥　料

春夏:迟效性的固体肥料两个月一次,放在盆土上面。速效性的液体肥料一周施肥一次。
秋冬:不施肥。

病虫害

春夏秋:注意叶螨、介壳虫。

繁　殖

春~初夏:分株繁殖。换盆的最佳时间为3-5月。

叶子的尖端有尖锐的刺,是一种有着花一样莲座丛的植物。大型的种类从很早之前就被作为观叶植物和庭院植物,近来在小型种类中,龙舌兰属的多肉植物很受欢迎。花茎几十年伸长一次开出花朵,但是一旦开花植株就会枯萎。由于生长缓慢,到开花需要很长时间,因此笹之雪又被称为"世纪树"。喜爱高温和强光,耐严寒,如果是关东以西地区可以放在室外越冬。大多数龙舌兰属植物的类型都是夏型,也有少部分是春秋型。

吹上

A. stricta 夏型

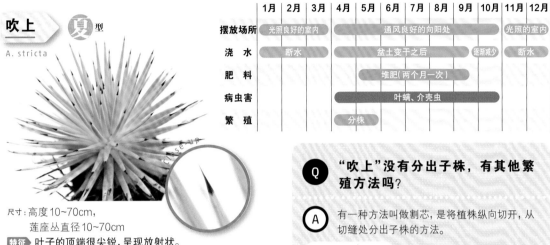

	1月	2月	3月	4月	5月	6月	7月	8月	9月	10月	11月	12月
摆放场所	光照良好的室内			通风良好的向阳处							光照的室内	
浇 水	断水			盆土变干之后						逐渐减少	断水	
肥 料				堆肥(两个月一次)								
病虫害				叶螨、介壳虫								
繁 殖				分株								

尺寸：高度10~70cm，
莲座丛直径10~70cm

特征 叶子的顶端很尖锐，呈现放射状。
叶尖是茶色。

便条 在龙舌兰中耐寒性较强，在关东
以西的地区可以室外越冬。

章鱼龙舌兰

A. bracteosa 夏型

尺寸：高度10~20cm，莲座丛直径10~30cm

特征 特征为剑形的叶子缓和地弯曲。很结实，易于培养。

翡翠盘

A. attenuata 夏型

别名：初绿

尺寸：莲座丛直径100cm以上

特征 茎部很高，呈树干状，
叶子又宽又柔软。

便条 在龙舌兰中
耐寒性较弱。

Q "吹上"没有分出子株，有其他繁
殖方法吗？

A 有一种方法叫做割芯，是将植株纵向切开，从
切缝处分出子株的方法。

1 为了不妨碍操作，用小刀将
中心的叶子切下来。

2 在切口的位置从上部的
切缝入手，在切缝处夹
进石子，子株从切入处
长出。

白丝王妃乱雪锦

**A. filifela
'Variegata'** 夏型

尺寸：高度5~15cm，莲座丛直径5~15cm

特征 叶子的边缘有"灯丝"这种白丝似的纤
维。

便条 在龙舌兰中有微弱的耐寒性。

多肉植物 | 龙舌兰属

芦荟属

夏型

Aloe

Data

科　名	芦荟科
别　名	无
原产地	非洲、阿拉伯半岛、马达斯加、加那利群岛、马斯克林群岛

耐暑性	□有	☑普通	□无
耐寒性	☑有	□普通	□无
干　燥	☑强	□普通	□弱

唐芦荟
A. vera

千代田锦
A. variegata

不夜城
A. nobilis

以非洲的干旱地区为中心生长的植物。叶子尖锐且边缘有刺，呈现像花一样的莲座丛状，有花茎向上延伸的树木状，也有几乎没有茎的。从古代开始树木立芦荟就被用于民间药物，在伊豆半岛等地可以看到野生状态的植株。除了"不夜城""千代田锦"等原品种外，近年来以原产于马达加斯加的毛兰（琉璃姬孔雀）为基础杂交产生的美丽的小型叶色杂交品种也很受欢迎。芦荟属植物耐干旱和严寒且健壮，适合新手种植。

优质养护的诀窍

摆放场所

春夏秋：由于喜欢强光直射，所以放在日照良好的地方，梅雨期间注意不要淋雨。为了防止叶子烤坏，盛夏时将小型的芦荟属植物放在半遮阴处。

冬：放在日照良好的室内。耐寒性较强的也可以放在室外。

浇水

春夏：在开始成长的4月份左右慢慢地增加浇水，夏天等盆土变干之后，充足地浇水直至盆底有水流出。

秋冬：10月份左右，芦荟属植物生长开始变得缓慢，因此需要逐渐控制浇水，在停止生长的11月份左右开始干燥式管理。

肥料

春夏：迟效性的固体肥料每两个月一次置于盆土之上。速效性的液体肥料每周施肥一次。

秋冬：不施肥。

病虫害

春夏秋：注意介壳虫、蚜虫。

繁殖

初夏~夏：通过分株、插条的方式进行繁殖。3-5月也可以进行实生（播种）繁殖。换盆在生育期内进行。

多肉植物

芦荟属

芦荟属·短叶芦荟

A. brevifolia

别名：龙山

	1月	2月	3月	4月	5月	6月	7月	8月	9月	10月	11月	12月
摆放场所	光照良好的室内			通风良好的向阳处							阳光照射的室内	
浇 水	保持稍微干燥			盆土变干之后					逐渐减少		保持稍微干燥	
肥 料				堆肥（两个月一次）								
病虫害			介壳虫、蚜虫									
繁 殖			分株、插条、实生									

尺寸：莲座丛直径10~20cm

特征 容易分出子株的小型种类。

便条 有耐阴性，可以在室内培养。

Q 植株变高之后，下面的叶子就变没了，这种情况怎么办才好？

A 可能是由于长时间栽培，植株过度发育，或者是由于日照不足树形凌乱。可以在春季至夏季的生长期间进行分株或插条使其长出新的植株。分株时将母株侧面长出来的子株切下来，放在遮阴处，等切口变干之后插入到清洁的土壤中。(▶P148)

芦荟属·碧玉扇

A. plicatilis

别名：折扇芦荟

尺寸：高度10~50cm

特征 叶子左右交替呈扇形伸展，为树丛状。

便条 越冬温度必须在5℃以上。

芦荟属·开卷芦荟·叠叶芦荟

A. suprafoliata

尺寸：高度5~40cm，宽度15~40cm

特征 幼苗时期叶子左右交替，成熟之后伸向四面八方，变成莲座丛状。

便条 越冬温度必须在5℃以上。

芦荟属·"莱姆菲兹"

A. 'Limefizz'

尺寸：高度10~15cm，
莲座丛直径10~15cm

特征 属于毛兰(琉璃姬孔雀)系的杂交品种。所有的叶子翘起来。

芦荟属·"圣诞颂歌"

A. 'Christmas Carol'

尺寸：高度10~15cm，
莲座丛直径10~15cm

特征 是具有红色叶子的毛兰(琉璃姬孔雀)系的杂交品种。

便条 在光照弱的地方叶子的颜色容易变暗淡。

173

拟石莲花属

春秋型

Echeveria

Data

科 名：景天科	
别 名：无	
原产地：北非南部、中美地区、南美西北部	

耐暑性	□有	□普通	☑无
耐寒性	☑有	□普通	□无
干 燥	☑强	□普通	□弱

拟石莲花属·石莲花

E. 'Glauca' 别名：七福神

尺寸：莲座丛直径15cm

特征 圆形的叶子顶端有尖头，呈红色。

优质养护的诀窍

摆放场所

春秋：通风良好的向阳处。

梅雨~夏：通风良好的半遮阴处，管理时避免淋雨。

冬：放在阳光照射良好的室内。

浇 水

春秋：盆土变干之后大量浇水。

夏冬：每个月只需给叶子浇水1~2次的程度，特别是高温多湿季节要注意避免烤坏叶子。

肥 料

春秋：迟效性的固体肥料每两个月一次置于盆土之上。速效性的液体肥料每周施肥一次。叶子会变红的品种在初秋季节就停止施肥。

夏冬：不施肥。

病虫害

春夏秋：要注意介壳虫、叶螨、蚜虫、蓟马。

繁 殖

春秋：气候好的时期进行分株或叶插繁殖。

肉肉的叶子重叠成像花一样圆形的莲座丛，叶子能变红，并且叶子之间能长出花茎开出花朵。这是可以让人享受四季更替变化的受欢迎的一类多肉植物，在海拔高的地方也可以自由生长，因此它在一定程度上耐低温，但是相对来说放在霜打不到的地方更容易越冬。但它对高温多湿的环境适应性较弱，因此从梅雨季节开始到夏天要保持通风，避免淋雨，同时也要注意秋季的持续性降雨。如果土壤中的肥料堆积，那么叶子就不易变红，因此为了能够欣赏美丽的红叶，要尽早停止施肥。

	1月	2月	3月	4月	5月	6月	7月	8月	9月	10月	11月	12月
摆放场所	光照良好的室内			通风良好的向阳处			通风良好的半遮阴处		向阳处		室内	
浇 水	给叶片喷水		盆土变干之后			逐渐减少	给叶片喷水		盆土变干之后		给叶片喷水	
肥 料			堆肥(两个月一次)						堆肥(两个月一次)			
病虫害					介壳虫、叶螨、蚜虫、蓟马							
繁 殖			分株、叶插						分株、叶插			

多肉植物

拟石莲花属

换盆的方法

从塑料盆换种到陶器盆。

1

在新盆中加入多肉植物用土至盆的三分之一的高度。

2

从原来的盆中拔出植株,稍微抖掉根土团上部的土,拔掉受损的叶片。

3

将植物放到新盆中并加土。

4

为了使土壤均匀地流入盆中,用细木棍戳一戳土。窄的地方使用小勺子,这样土壤更容易流入。

5

换种完成后大量浇水。浇水的同时还可以冲掉叶片之间的土。

6

叶片上沾的水用纸巾或柔软的布擦掉。平时浇水也可以用同样的方法处理。

7

换种之后如往常一样管理。

拟石莲花属·"珍珠公主"

E.'Princess Pearl'

尺寸：莲座丛直径15cm

特征 紫红色的叶子边缘有波浪。如果在春秋季节接受充足的阳光照射，低温时期全部的叶子就会染上深红色。

桃太郎 🌱

E.'Beatrice'

别名：比阿特丽斯

通过叶插法更容易繁殖。

尺寸：莲花丛直径15cm

特征 叶尖是红色的，气温下降，红色会变深。

拟石莲花属·"戴伦西娜"

E.'Derenceana'

不耐高温。

尺寸：莲花丛直径15cm

特征 铺有白粉的叶子很漂亮，叶尖是红色的。很健壮，经常开花。

拟石莲花属·帕丽达 🌱

E. pallida

别名：桃姬

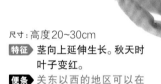

尺寸：高度20~30cm

特征 茎向上延伸生长。秋天时叶子变红。

便条 关东以西的地区可以在室外越冬。

拟石莲花属·"褐色玫瑰"

E.'Mahogany Rose'

特征 夏天叶子是微绿色，气温下降之后会逐渐变为深红色。容易长出子株，生长旺盛。

拟石莲花属·"蓝姬莲"

E.'Blue Minima Cristata'

特征 铺有白粉的青绿色叶子很漂亮，叶子的边缘是红色的。经常长出子株且子株群生。石化是生长点发生突然变异而形成的带状物。

close-up

月影

E. elegans

别名：美丽石莲花

尺寸：莲座丛直径13cm

特征 青绿色的叶子上铺有一层白粉，子株多为群生。

便条 关东以西的地区可以在室外越冬。

拟石莲花属·玉蝶锦

E. peacockii 'Variegata'

叶插容易繁殖！

尺寸：高度7cm，
莲座丛直径15cm

特征 缓慢平稳的发育。

便条 不易生出子株，因此利用割芯法分出子株（割芯法▶P171）。

拟石莲花属·红边月影

E. 'Ramillete'

花也很漂亮。

特征 叶子是黄绿色，叶尖是红色。如果在春季和秋季放在充足的阳光下培养，到了低温期叶子就会变红。

拟石莲花属·广寒宫

E. cante

尺寸：莲座丛直径30cm

特征 自古以来就很受欢迎的大型多肉类，又被称为拟石莲花属的女王。带有白粉的叶子边缘为红色，气温一旦下降红色就会加深。

拟石莲花属·东云（红色系）

E. agavoides

尺寸：高度15cm，
莲座丛直径30cm

特征 春季开花。通常情况下叶子为绿色，但是也有红叶系的个体。

拟石莲花属·紫珍珠

E. 'Perle von Nürnberg'

尺寸：高度15cm，
莲座丛直径25cm

特征 生长于德国的园艺品种，名字的含义是"纽伦堡的珍珠"。在低温期一旦变干就会变成深紫色。

厚敦菊属

Othonna

Data

科 名:	菊科
别 名:	无
原产地:	热带~南非

耐暑性	□有	☑普通	□无
耐寒性	□有	☑普通	□无
干 燥	☑强	□普通	□弱

黄花新月

优质养护的诀窍

摆放场所

春秋:放在通风良好的向阳处管理。
夏:由于高温和过湿都容易导致腐烂,因此应放在避免淋雨的半遮阴处管理。
冬:放在阳光照射良好的室内。

浇 水

春秋冬:盆土变干之后大量浇水。
夏:减少浇水,每个月浇两次左右。给叶片喷水。

肥 料

秋冬:在11月中旬至4月中旬的生长期内,迟效性的固体肥料每两个月一次置于盆土之上。速效性的液体肥料每周施肥一次并且需微量。
春夏:天气变暖之后停止施肥。

病虫害

春夏秋:要注意叶螨、蚜虫。

繁 殖

春秋:通过插条或分株的方式繁殖。适宜换盆的时期为春季和秋季。

与千里光属(▶P204)一样,菊科也属于罕见的一类多肉植物。有常绿的多年草和灌木,多年草在地下长出肥大的像芋头一样的块状茎。卡拉菲厚敦菊、美尻厚敦菊、蛮鬼塔等茎可以变成很粗的独特形状的多肉植物,有时可以作为块根植物(▶P190)来培养。冬季或早春季节会开出黄色的小花。不耐受高温多湿的环境,夏季容易腐烂,因此需要控制浇水保持微干燥式管理。

珍珠项链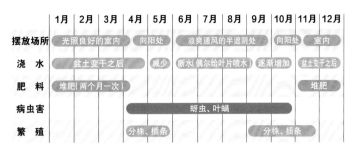

O. capensis 'Purple Necklace'

别名：紫月、紫佛珠

尺寸：高度 3~5cm

特征 下垂式生长，叶子为紫色。健壮且易培养，没有明显的休眠期。

	1月	2月	3月	4月	5月	6月	7月	8月	9月	10月	11月	12月
摆放场所	光照良好的室内			向阳处		凉爽通风的半遮阴处				向阳处	室内	
浇水	盆土变干之后				减少	断水(偶尔给叶片喷水)			逐渐增加		盆土变干之后	
肥料	堆肥(两个月一次)										堆肥	
病虫害						蚜虫、叶螨						
繁殖				分株、插条					分株、插条			

多肉植物

厚敦菊属

Q 正在养"紫月"，但是即使到了冬季叶子仍然是绿色的，这是为什么呢？

A 紫月又称为珍珠项链，从晚秋开始到冬季的低温期中，如果能接受充足的光照，叶子就会变成美丽的紫色。如果在室内培养，可能就会因为气温恒定而导致叶子不变色。相对来说耐严寒，在3℃的环境就能越冬，因此白天可以将其拿到室外晒晒太阳。

厚敦菊属·瓶杆厚敦菊

O. macrosperma

尺寸：高度 15~30cm

特征 茎的底部很粗，属于块根植物的一种。在冬季开花。

便条 成长起来之后把混杂的枝条和过长的枝条剪掉。

厚敦菊属·卡拉菲厚敦菊

O. clavifolia

尺寸：高度 7cm

特征 又粗又短的茎上长有木棒一样的绿叶，在早春季节开花。

厚敦菊属·草莓厚敦菊

O. rechingeri

尺寸：高度 5~10cm

特征 从茎部延伸出枝条长成子株，然后又长出小枝条。

沙鱼掌属

夏型

Gasteria

Data

科　名	芦荟科
别　名	无
原产地	南非、纳米比亚

耐暑性	☑有	□普通	□无
耐寒性	□有	☑普通	□无
干　燥	☑强	□普通	□弱

卧牛

G. armstrongii

尺寸：高度3~5cm

特征 暗绿色的叶片长10~15cm，左右规则工整地排列。

像牛舌一样坚硬的肉厚叶片左右交替呈现出放射状，是一种叶片重叠、生长茂盛的独特的植物，跟芦荟属相近，与芦荟属杂交生成杂交品种"鲨鱼掌芦荟"。花也跟芦荟相似。卧牛多数自生于阳光照射不够的地方，因此不耐受阳光直射，需放在明亮的遮阴处管理，避免淋雨。这种植物属于缓慢生长的一类，有能够径直伸入地下的根，因此尽可能将其种植在深盆中。

优质养护的诀窍

摆放场所

春夏秋冬：一整年都放在室内明亮的遮阴处管理，避免阳光直射。如果长时间放在过暗的地方叶片就会延伸，因此需要注意。

浇　水

浇水时需注意叶片不要沾水。
春秋：4月份左右开始逐渐增加浇水，5月开始等盆土变干之后大量浇水。秋季10月份左右开始逐渐减少浇水。
冬：断水。

肥　料

春夏：生长期内，迟效性固体肥料每两个月施肥一次。若是速效性液体肥料，一周施肥一次。
秋冬：不施肥。

病虫害

夏季：在高温多湿的环境中易发软腐病，因此需要控制浇水。夏季要注意介壳虫。

繁　殖

春秋：通过叶插、分株方式繁殖。播种是在3月份。适宜换盆的时期为4~5月。

Calendar

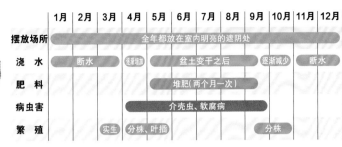

	1月	2月	3月	4月	5月	6月	7月	8月	9月	10月	11月	12月
摆放场所					全年都放在室内明亮的遮阴处							
浇水	断水		逐渐增加		盆土变干之后				逐渐减少		断水	
肥料					堆肥(两个月一次)							
病虫害					介壳虫、软腐病							
繁殖			实生	分株、叶插					分株			

多肉植物

沙鱼掌属

Q 想分株繁殖,但是没有出现子株,怎么办才好?

A 沙鱼掌属多肉植物除了分株繁殖以外,还可以用叶插方式繁殖,所以请用叶插方法繁殖吧。但是,垂吊卧牛(Gasteria rawlinsonii)是唯一一种不能用叶插方式繁殖的植物,因此需要等待子株长出。

1 换盆时将植株下面的叶片取下来。

2 将其放在插条用的干净的土壤中,置于半遮阴处管理。

春莺囀

G. batesiana

特征 长8~9cm的剑状叶片呈莲座丛状,叶片表面像覆盖着一层白粒,有点粗糙。

白星殿

G. 'Hakuseiden'

特征 叶片表面有像撒上一层白粒一样的白斑和白色边缘,左右规则整齐地排列。子株很多并且群生。

暴风雪

G. carinata 'Snow Storm' 别名:达尔马提亚

富士子宝

G. 'Fuji-kodakara'

特征 短舌状的叶片表面很光滑,有白色颗粒一样的斑点。子株很多并且群生。

尺寸:高度5~10cm,宽度5~10cm
特征 细长的叶片中有白色波状的斑点。

伽蓝菜属

Kalanchoe

夏型

Data

科 名:	景天科
别 名:	无
原产地:	南非~东非、阿拉伯半岛、 东亚~东南亚

耐暑性	☑有	□普通	□无
耐寒性	□有	□普通	☑无
干 燥	☑强	□普通	□弱

野兔

K. tomentosa 'Nousagi'
尺寸: 高度5~30cm

特征 是月兔耳的变枝品种，白毛很少，叶片是深绿色。

有作为盆栽而流通的种类，但是在多肉植物中有像"月兔耳"、"野兔"等叶片表面覆盖小白毛且触感柔软的一类，有叶片表面带粉的一类，还有叶片带有开口，秋冬季节变为红叶的一类，种类丰富多样。相近种类有落地生根属的"motherleaf（落地生根）"，这种叶片边缘长出子株的独特植物有时也被称为"伽蓝菜"。有的品种一旦开花植株就会变弱，开花之后最好尽快切掉花茎。

优质养护的诀窍

摆放场所

春夏秋: 放在室外通风良好的向阳处，使其充分接受阳光照射。秋季如果温度降到10℃，就将其搬到室内。

冬: 室内明亮的向阳处。

浇 水

春夏: 新芽开始生长时逐渐增加浇水，生长期内等盆土变干之后大量浇水。

秋: 温度降到15℃时使其稍微干燥一些。

冬: 给叶片浇水，每个月1~2次。

肥 料

春夏: 迟效性固体肥料每两个月施肥一次。若是速效性液体肥料，一周施肥一次。

秋冬: 不浇水。

病虫害

春夏秋: 注意介壳虫、蚜虫、根粉蚧。根粉蚧又叫"仙人掌根粉蚧"，因为附着在地下的根系吸取汁液，所以要将遭受其害的根系完全切除。

繁 殖

春夏: 通过分株、芽插、叶插进行繁殖。适宜换盆的时期为4-9月。

月兔耳

K. tomentosa

	1月	2月	3月	4月	5月	6月	7月	8月	9月	10月	11月	12月
摆放场所	室内向阳处			光照好通风良好的室外						室内向阳处		
浇 水	给叶片浇水(一个月两次)			盆土变干之后						保持稍微干燥	给叶片浇水	
肥 料				堆肥(两个月一次)								
病虫害				介壳虫、蚜虫、根粉蚧								
繁 殖				分株、芽插、叶插								

尺寸：高度5~30cm

特征 一大特征为叶片上带有白色且柔软的细毛，叶片的边缘为茶色。植株长饱满之后在冬季开出白花。野兔(左页)是月兔耳的一种枝变品种。

Q 盆栽的植株，跟平时一样浇水、施肥，但是最近不成长，这是为什么？

A 有可能是用土太旧。如果长时间不换盆，土质变差，根系受损，生长会变得迟缓。
将植株从盆中移出来，如果土壤干巴巴零乱变形，就说明土质变差。将老化受损的根系切除，用新土换盆。

多肉植物

伽蓝菜属

朱莲

K. longiflora var. coccinea

尺寸：高度30~50cm

特征 叶片在生长期内是绿色的，低温时变成鲜艳的紫红色。

福兔耳

K. eriophylla

生长缓慢。

尺寸：高度10~15cm

特征 叶片长且小，长2~3cm，茎部和叶片都覆盖有一层白色的软毛。冬季会开出淡粉色或白色的花。

伽蓝菜属·唐印花

K. tetraphylla

尺寸：高度5~10cm

特征 圆形的叶片上覆盖着带有黏性的细毛。生长期内的叶片是绿色的，如果放在阳光下培养，低温期的叶片就会变成美丽的红色。

伽蓝菜属·千兔耳

K. millotii

尺寸：高度5~20cm

特征 圆形的叶片上覆盖有一层白色的软毛。随着植株的成长，茎部变硬且木质化。

青锁龙属

Crassula

夏型

科　名	景天科
别　名	无
原产地	南非~东非、马达加斯加

耐暑性	□有 ☑普通 □无
耐寒性	因种类而异
干　燥	☑强 □普通 □弱

青锁龙属·翡翠木

C. ovata　别名:花月、玉树

尺寸:高度10~50cm

特征 叶片形状像硬币,因此流传的名称为"玉树"。

优质养护的诀窍

摆放场所

春夏秋:放在光照好、通风良好的地方,避免淋到梅雨或秋季的绵长雨。

冬:放在室内明亮的地方。

浇水

根据不同的生长型种,生长期内等盆土变干之后大量浇水;生长期结束之后干燥式管理。

肥料

在生长期内,迟效性固体肥料每两个月施肥一次,肥料堆在盆土之上。若是速效性液体肥料,则一周施肥一次。

病虫害

在高温期,如果环境多湿,就容易得软腐病,若是高温干燥,会容易出现介壳虫。

繁殖

根据各自的生长期,进行分株、插条、换盆。

青锁龙属植物是多年生草木且以灌木状生长的植物,种类大约有300种且性质丰富多样。花月锦的圆形叶片上带有光泽,又被称为"玉树",在日本人们很早之前就开始栽培。

青锁龙属的生长型种根据夏型种、冬型种、春秋型种的差异而性质不同(▶P186~187)。因此耐暑性和耐寒性也根据种类的差异而不同,青锁龙属大多有耐干燥但不耐高温多湿的性质,应放在通风良好的地方进行管理。在买植株苗时,确认它的生长型种也很重要。

	1月	2月	3月	4月	5月	6月	7月	8月	9月	10月	11月	12月
摆放场所	光照良好的室内			通风良好的向阳处							光照良好的室内	
浇 水		断水		盆土变干之后						逐渐增加	断水	
肥 料				堆肥(两个月一次)								
病虫害				介壳虫、软腐病								
繁 殖				分株、插条								

夏型

多肉植物

青锁龙属

青锁龙属·筒叶菊 夏型

C. tetragona
别名：桃源乡、龙阳

尺寸：高度1m

特征 在直立的茎部上方约有3cm长的弯曲细叶。成熟之后茎的下部木质化。

花月锦 夏型

C. ovata 'Variegata'

尺寸：高度10~40cm

特征 是花月中带斑点的一种。从中间的叶脉到叶片边缘带有白色的斑点。冬季~初春季开花。

青锁龙属·心叶青锁龙 夏型

C. cordata
尺寸：高度10~30cm

特征 银色的叶片在低温时期如果接受充足的光照，就会变为橙黄色。春季~夏季开花。

便条 花茎上有芽球，落到土上就会生根繁殖。随着植株的不断长大，盆变小，要对其进行分株处理。

青锁龙属·锦乙女 夏型

C. sarmentosa 'Variegata'

Close-up

尺寸：高度60cm

特征 叶片的边缘有红色的锯齿纹，表面有黄色的斑点。

徒长的茎部的插条方法

茎部徒长的植株看起来不美观，在初春或秋季时需将茎部剪修使其直立起来。

1 剪掉徒长的茎部，由于要将剪下来的茎作为插穗使用，因此将茎剪短至仅剩1~2cm的长度。

2 在半遮阴处放置3~4天，等切口变干之后插入到干燥的土中。一周不浇水，放在半遮阴处管理。

185

春秋型		1月	2月	3月	4月	5月	6月	7月	8月	9月	10月	11月	12月
	摆放场所	光照良好的室内			通风良好的向阳处			明亮的半遮阴处		向阳处	阳光照射的室内		
	浇水	给叶片浇水			盆土变干之后			给叶片浇水		盆土变干之后	给叶片浇水		
	肥料				堆肥						堆肥		
	病虫害						介壳虫、软腐病						
	繁殖				分株						插条		

火祭 Crassula 'Campfire' — 春秋型

尺寸：高度5~15cm

特征 能顽强的抵抗酷热和严寒，绿色的叶片在秋季~冬季如果接触充足的日光就会变成美丽的红叶。

便条 由于在冬季的严寒中会出现黑色斑点，届时需要断水。

Q 听说"火祭"会变成美丽的红叶，但是实际上没有变红，这是为什么？

A 为了使其变成美丽的红叶，关键在于接触充足的冬日光照。将"火祭"放在有寒暖差的环境中，如屋檐下等能避免雨和霜的地方就会变成美丽的红叶。如果土壤中肥料有残存，就不会顺利变成红叶，因此秋季要尽早停止施肥。

青锁龙属·醉斜阳 C. atropurpurea var. watermeyeri — 春秋型

特征 叶片上覆盖有扁平的细毛，气温一旦下降就会变成红叶。具有耐寒性，冬季开花。

星王子 C. perforata — 春秋型

尺寸：高度5~10cm

特征 三角形的叶片多数重合，边缘呈红色，非常可爱。

便条 虽然属于春秋型种，但生长期与夏型种一致。浇水的时候不要沾到叶片。

红叶祭 Crassula 'Momiji Matsuri' — 春秋型

尺寸：高度5~10cm

特征 形状比火祭小，深红色。夏季开白花。

便条 冬季不施肥的话红色成色就会更好。

也可以叶插繁殖！

喜欢明亮的地方！

若绿 🌱 春秋型

C. lycopodioides

尺寸：高度10~30cm

特征 像鳞片一样的小叶片茎部十字对生，看起来像锁一样。茎如果倒在地面上就会长出芽。

便条 最好全年控制浇水，保持微微干燥。

「若绿」的插条方法

长偏的"若绿"通过子株来繁殖。

南十字星 春秋型

C. perforata 'Variegata'

浇水时注意叶片不要沾上水！

尺寸：高度5~20cm

特征 星王子的带斑品种。绿色的叶片上有浅黄色的斑点，气温下降时叶片边缘变红。属于横向不延伸而向上延伸的一类。

便条 日照变弱茎部就会向中间延伸，需要注意。

1

切下分株部分的茎。

2

将切下的茎顺着镊子纵向夹住，用镊子尖在插条用的土中拨开一个洞，把茎插入到土壤中。

青锁龙属·新娘捧花

C. 'Bridal Bouquet'

春秋型

特征 白色短毛覆盖的厚叶重合，边上粉色的小花像圆形的花束一样集密开放。

便条 夏季和冬季控制浇水。

3

将多棵茎插到一起，长大之后看起来更美观。

4

将插条完成的植株放在半遮阴处，4~5天之后开始浇水。之后等土完全变干再浇水等待生根。图片是插条2~3个月后的状态。

养护难度 🍃🍃🍃 简单

春秋型

风车草属

Graptopetalum

Data

科 名	景天科
别 名	无
原产地	南北美西南部

耐暑性	□有	☑普通	□无
耐寒性	☑有	□普通	□无
干燥	☑强	□普通	□弱

胧月 🌱

G. paraguayense
尺寸：高度30cm

特征 长大以后茎部下垂，气温一旦下降，发白的叶片就会带上粉红色。

优质养护的诀窍

摆放场所
春秋：通风良好的向阳处。
梅雨～夏：避免淋雨，放在通风良好的半遮阴处。
冬：温度降至5℃以下时放回室内，置于明亮的向阳处。

浇水
春秋：盆土变干之后大量浇水。
夏冬：给叶片浇水，一个月1～2次的程度，到了高温多湿的盛夏要特别注意防止发生蒸腾或烂根。

肥料
春秋：在生长期内，若是迟效性固体肥料，则两个月施肥一次，堆在盆土之上。若是速效性液体肥料，则一周施肥一次。能变成红叶的一类多肉要尽早停止施肥。
夏冬：不施肥。

病虫害
春夏秋：注意介壳虫、叶螨、蚜虫、蓟马。

繁殖
春秋：通过分株、芽插、叶插方式进行繁殖。

风车草属植物在海拔高度2300米的干旱的高山上生长发育，形状和植株的外表跟拟石莲花属（▶P174）和景天属（▶P200）相似。风车草属的叶片边缘伸长出花茎，开白色和淡粉色的花，但是在花瓣上有小斑点，耐寒性较强。"胧月"等自古以来就众所周知的植物在普通百姓家的庭院里是群生的。

在风车草属植物中，由拟石莲花属和景天属杂交而成的植物有风车石莲属、秋丽。

风车草属·超五雄缟瓣

G. pentandrum ssp. superbum

	1月	2月	3月	4月	5月	6月	7月	8月	9月	10月	11月	12月
摆放场所	光照良好的室内			向阳处		通风良好的半遮阴处			向阳处		阳光照射的室内	
浇 水	给叶片浇水		盆土变干之后			逐渐减少	给叶片浇水		盆土变干之后		给叶片浇水	
肥 料			堆肥（两个月一次）					堆肥				
病虫害			介壳虫、叶螨、蚜虫、蓟马									
繁 殖			分株、插芽、叶插						分株			

尺寸：高度3~15cm，莲座丛直径5~15cm

特征 长大之后茎部伸长，从根部长出很多茎，变成树状的植株。

下叶的处理

莲座丛长出叶片的一类多肉植物随着植株不断生长，下面的叶片就会枯萎。自然状态下不会生病，因此不用担心，但是如果放任不管的话外观就会变差，植株也可能蒸坏，一经发现就要将枯萎的植株除掉。

风车草属·黑奴

G. filiferum

别名：菊日和

尺寸：莲座丛直径4~6cm

特征 叶片很小，为椭圆形，一棵植株上有大约75片叶片。

便条 叶尖长出茶色的毛，经常有枝条群生，因此放在盆中种植的话要进行分株处理。

Close-up

风车草属·蔓莲

G. macdougallii

尺寸：莲座丛直径5cm

特征 椭圆形的叶片长在像小花一样的莲座丛上，沿着地面延伸生长，新枝条群生。

风车草属·美丽莲

G. bellum

别名：红花别露丝

尺寸：高度1~3cm，
莲座丛直径3~10cm

特征 春天开出粉色或玫瑰色的花。

风车草属·醉美人

G. amethystinum

尺寸：莲座丛直径2~3cm

特征 圆滚滚的叶片长在莲座丛上，特别可爱。气温一旦下降，淡粉色的叶片就会变成深粉色。

块根植物

Caudex

Data

科 名	跨多个科
别 名	无
原产地	非洲~阿拉伯半岛、东南亚
	马达加斯加、热带~亚热带美洲
耐暑性	根据种类而不同
耐寒性	根据种类而不同
干 燥	根据种类而不同

龟甲龙

"Caudex"是块茎、块根的意思，在多肉植物中茎部膨胀鼓起形成独特的形状的一类叫做"茎干多肉植物"或"芋头植物"。膨胀凸起的部分与叶片和茎部的形状因不协调而独具特色，这类植物多数生长缓慢，因此用盆栽这种花费时间的培养方式更有乐趣。其种型多种多样（▶P192~193），生长类型因种型差异而不同，但是在休眠期内由于蒸腾或过湿，块茎部分容易腐烂，因此需要注意。块茎部分能够积蓄水分，因此生长期内也最好控制浇水。

优质养护的诀窍

摆放场所

春夏秋：根据种类差异而不同，春季和秋季放在光照好的地方，夏季放在明亮的雨淋不到的遮阴处。
冬：根据种类差异而不同，放在明亮的室内进行管理。

浇 水

生长期内等盆土变干之后再浇水，但是根部容易腐烂，所以最好控制浇水。休眠期时断水，但不要突然停止浇水，而是在一个月内慢慢减少浇水。

肥 料

生长期内，若是迟效性固体肥料，则两个月施肥一次，若是速效性的液体肥，则一周施肥一次。

病虫害

注意介壳虫、蚜虫、叶螨。

繁 殖

横切植株、插条、实生等，根据种类差异而不同。一般来说播种繁殖的方式更好。

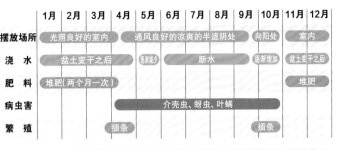

龟甲龙枝条的处理

由于龟甲龙是藤蔓性的植物，所以会在生长期内缠上支柱。

冬型

	1月	2月	3月	4月	5月	6月	7月	8月	9月	10月	11月	12月
摆放场所	光照良好的室内			通风良好的凉爽的半遮阴处					向阳处		室内	
浇水	盆土变干之后				逐渐减少	断水			逐渐增加		盆土变干之后	
肥料	堆肥(两个月一次)										堆肥	
病虫害					介壳虫、蚜虫、叶螨							
繁殖			插条							插条		

多肉植物

块根植物

Q 奇峰锦属的"万物想"即使到了秋天也长不出新芽，这是为什么呢？

A 有可能是烂根了。夏季是休眠期，这时如果不完全断水管理，茎部和根部就容易腐烂，长不出新芽。夏季应将"万物想"放在雨淋不到的屋檐下或室内凉爽的地方进行管理，冬季等盆土变干之后再浇水。

长得过长的藤蔓，在休眠期内从根部将其剪掉。

块根植物·万物想 冬型

Tylecodon reticulata

科名：景天科

别名：万物相

Close-up

特征 原产于非洲西南部的干旱高原地带。花凋谢之后，花柄虽然枯萎，但长时间残留。春季~初夏开奶油色的花。

便条 夏季休眠，由于不耐高温多湿，因此为了防止根部腐烂和蒸坏，需放在干燥的地方管理。

观峰玉 冬型

Idria columnaris

科名：福桂花科

特征 原产于墨西哥。叶片掉落时只有叶柄残留，变成刺。

便条 冬季和夏季停止生长进入休眠期。不耐夏季的高温多湿天气。可用种子进行繁殖。

龟甲龙 冬型

Dioscorea elephantipes

科名：薯蓣科

尺寸：高度2~15cm，植株直径30cm

特征 原产于南非。晚春时开黄绿色的花

便条 夏季落叶进入休眠期。冬季温度需保持在5℃以上。

棒槌树属的换盆方法

大约2~3年换盆一次，土壤变黑发生恶化，这时需要换盆。适宜换盆的时期为5-6月。

夏型	1月	2月	3月	4月	5月	6月	7月	8月	9月	10月	11月	12月
摆放场所	光照良好的室内					通风良好的向阳处		明亮的半遮阴处		向阳处	室内	
浇水	断水			逐渐增加	盆土变干之后					逐渐减少	断水	
肥料					堆肥(两个月一次)							
病虫害				介壳虫、叶螨								
繁殖				插条、实生								

1 将植株从土中拔出，抖掉旧土。全部抖掉也没关系。如果有受损的根系，就将其除掉。

2 使用多肉植物专用的新土进行种植。盆底铺上赤玉土，这样排水性更好。

3 换盆之后放在遮阴处管理，1周之后开始浇水。

块根植物·密花棒槌树

Pachypodium densiflorum 'Tucky'

科名：夹竹桃科

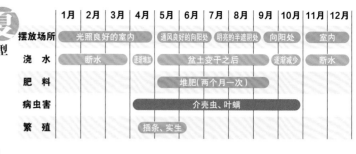

尺寸：高度5~20cm

特征 肉厚的叶片可以收缩，这是一大特征。冬季落叶，春天可以欣赏到抽芽和开花。

便条 全年都要放置在光照好的地方，需要稍微控制浇水。冬季需要在5℃以上的环境中。

块根植物·短茎棒槌树

Pachypodium brevicaule

科名：夹竹桃科
别名：惠比须笑

尺寸：高度3~10cm

特征 原产于马达加斯加。冬季落叶，春天可以欣赏到抽芽和开花。

便条 不耐夏季的闷热天气，因此需放在通风良好的地方管理，盛夏要稍稍控制浇水。

块根植物·奇异油柑

Phylantus mirabilis

科名：大戟科

特征 成长缓慢，有的植株叶片会由绿色变成红铜色，到了晚上叶片就会闭合。

便条 全年都要放在光照良好的地方，盛夏要注意遮光防止叶片烤焦。水分不足时叶片也会闭合。

素可泰山乌龟  夏型

Stephania erecta
科名:防己科

特征 原产于东南亚。藤蔓长到50cm时开出黄绿色的小花。冬季落叶。

便条 具有耐阴性,因此放在室内明亮的地方。生长期内藤蔓延伸,因此需要立上支柱。裁剪藤蔓应在春季进行。

穗花黑五加木 夏型

Cussonia spicata
科名:五加科

特征 原产于南非。特征为叶片具有独特的形状。

便条 冬季需要5℃以上的环境。不喜欢过湿的环境,因此需要放在干燥处管理。通过种子进行繁殖。

葡萄翁 夏型

Cyphostemma juttae
科名:葡萄科
别名:葡萄龟

尺寸:高度1~2cm

特征 原产于东非西南部。初夏季节开出奶油色的花。

便条 冬季需要5℃以上温度的环境。控制浇水。

安卡丽娜 夏型

Uncarina roeoesliana
科名:胡麻科

特征 原产于马达加斯加。夏季内侧会开出喇叭状的花。

便条 喜欢明亮的场所,冬季需要10℃以上温度的环境。

火星人 夏型

Fockea edulis
科名:夹竹桃科

尺寸:高度10~30cm

特征 原产于南非,花为绿色,夏季开花。枝条有蔓延性,能伸很长。

便条 如果用插条方式繁殖,枝干长粗需要很长时间,所以用实生的方式。冬季温度需要保持在5℃以上。

马达加斯加龙树 夏型

Didierea madagascariensis
科名:龙树科
别名:金棒木

特征 原产于马达加斯加。在星形的尖锐的刺顶端长有绿色细长的叶片。

便条 冬季休眠期前叶片就会掉落,叶片掉光之后断水。

Close-up

193

肉锥花属

冬型

Conophytum

Data

科 名：番杏科	
别 名：石头花、玉型石头花	
原产地：非洲南部	

	有	普通	无
耐暑性	□	□	☑
耐寒性	□	☑	□

	强	普通	弱
干燥	☑	□	□

香兰

C. 'kouran'

特征 叶片是心形的，花是粉色的，在夜间开放。

发源地是一年降水只有 100~250mm 的干旱地带。它是生长于岩石的裂缝处或岩石与地面的缝隙中，吸收早上少量的露水而生长的植物。两片小叶片结合成一片，两片新叶冲破枯萎的老叶长出来，每年进行一次，这叫"脱皮"，在休眠期结束时进行。秋天开的花也很可爱，与生石花属（▶P216）一样属于冬型种的石头花类的代表，很受欢迎。不耐受高温多湿的环境，因此夏季管理需要完全断水，防止腐烂。

优质养护的诀窍

摆放场所

春夏秋：放在明亮的向阳处，梅雨季节到9月中旬放在明亮的遮阴处管理，避免淋雨。
冬：光照好的室内。

浇 水

春：叶片开始变黄时慢慢减少浇水。
夏：正好处于休眠期，因此要完全断水。
秋：温度下降到20℃时，慢慢增加浇水。
冬：盆土完全变干之后大量浇水。

肥 料

冬：生长期内，迟效性固体肥料每两个月施肥一次，置于盆土之上。若是速效性的液体肥料，则每周一次少量施肥。
春夏秋：不施肥。

病虫害

春夏秋：注意介壳虫、蚜虫、附着于根部的根粉蚧。花瓣和叶片有可能被蛞蝓或夜盗虫（夜盗蛾的幼虫）咬噬，需要仔细观察，一旦发现就要及时捕杀。

繁 殖

冬：通过分株、实生（播种）繁殖。

多肉植物

肉锥花属

口笛

C. bilobum ssp. altum (=C. corniferum)

别名：小笛

	1月	2月	3月	4月	5月	6月	7月	8月	9月	10月	11月	12月
摆放场所	光照良好的室内			向阳处		凉爽又明亮的遮阴处				向阳处	光照良好的室内	
浇　水	盆土变干之后				逐渐减少	断水				逐渐增加	盆土变干之后	
肥　料	堆肥（两个月一次）										堆肥	
病虫害			介壳虫、蚜虫、根粉蚧、蛞蝓、夜盗虫									
繁　殖											分株、实生	

尺寸：高度20cm

特征 叶片是心形的，有浅浅的切痕，表面有透明点。花为黄色，白天开放。

开花后的处理

如果开完花之后对花瓣放置不管，叶片就会粘在一起，这样的部分会产生斑点。因此，开花之后要将花柄摘掉。

玉翡翠

C. calculus

别名：翡翠玉

特征 叶片为球状，中央处有一根筋。不怎么分头，长时间短头发育生长。花为黄绿色，在夜间开放。

清姬

C. minimum
(=C. scitulum)

特征 灰绿色的叶片上带有茶色的半透明的筋脉形成的花纹。花为淡奶油色，夜间开放。

勋章"乌哈尼"

C. pellucidum v. neohallii

特征 红茶色的叶片上有深茶色的花纹。花为白色的。在肉锥花属多肉植物中属于小型。

大翠玉

C. truncatum (=C. subglobosum)

尺寸：高度2cm

特征 灰绿色的球状叶片表面上带有深绿色的斑点。花为白色，在夜间开放。

195

仙人掌

Cactaceae

夏 型

Data

科 名	仙人掌科	
别 名	仙巴掌、仙人扇	
原产地	主要在北美~南美洲的热带	

耐暑性	☑有	□普通	□无
耐寒性	☑有	□普通	□无
干 燥	☑强	□普通	□弱

优质养护的诀窍

摆放场所

全年都要放在避免淋雨的光照好的地方管理,但是有的种类可以放在半遮阴处。

浇 水

春夏秋:盆土变干之后大量浇水。属于不耐高温的品种,因此夏季要注意控制浇水,防止植物被高温蒸坏。

冬:最低温度在0℃以上就可以越冬,断水管理。

肥 料

夏:迟效性固体肥料每两个月施肥一次,置于盆土之上。若是速效性的液体肥料则每周施肥一次。

秋冬春:10月中旬至5月中旬不施肥。

病虫害

春夏秋:注意介壳虫、蚜虫。

繁 殖

冬:通过插条、分株方式繁殖。换盆在生长期内进行。

仙人掌是所有仙人掌科植物的总称。种类繁多,从茎的形状看,可分为像平整重叠的脆饼干一样的家族仙人掌、粗圆柱形的柱形仙人掌、球形和扁球形的玉仙人掌。花或花刺很美,形状独特,有各种各样的观赏方式。

仙人掌主要生长于沙漠地带,因此耐干旱,但是生长期内有必要适度浇水。大株是每两年换盆一次,小株每三年换盆一次。相对来说是不太需要费工夫养护的植物。

多肉植物

仙人掌

	1月	2月	3月	4月	5月	6月	7月	8月	9月	10月	11月	12月
摆放场所	明亮的向阳处			光照好的地方，有的种类也可以放在半遮阴处						明亮的向阳处		
浇水	断水		盆土变干之后								断水	
肥料					堆肥(两个月一次)							
病虫害					介壳虫、蚜虫							
繁殖			插条、分株					插条、分株				

横切植株式的插条方法

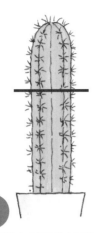

1 用锋利的小刀将植株在圆柱中间靠上的位置切开。

2 在半遮阴处放置一个月左右，使切口变干。如果不干的话仙人掌会腐烂。

仙人掌专用土

3 等切口变干之后，将植株插入盆内干净的土壤中，最好使用仙人掌专用的排水性好的土壤。4~5天之后开始浇水。等盆土变干之后继续浇水。用横切植株的母株继续培养的话就会长出子株。

处理仙人掌时

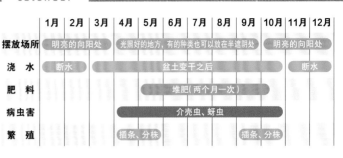

在对带刺的仙人掌进行换盆或横切处理时，为了不伤到手指和手掌，需戴上橡胶手套。

小型植株组盆时，使用一次性筷子或镊子等分配植物会更容易。

Q 仙人掌的刺变短了，这是为什么呢?

A 仙人掌如果日照不足的话，新长出来的刺就会变短。仙人掌是喜爱光照的植物，因此尽可能将其移到光照良好的地方。淋雨之后容易蒸坏，因此请选择避免淋雨的地方放置。

英冠玉 ▷

Parodia magnifica (=Eriocactus magnificus)

特征 ▷ 最初是球形的，长大后变长，表面有明显的棱纹。植株的下部经常群生出很多子株。在春季开黄花。

雪晃 ▷

Parodia haselbergii
(=Brasilicactus haselbergii)

特征 ▷ 在规整的球形茎上，白色和奶油色的刺交错，非常美丽。花为红色，冬季~春季开花。

便条 ▷ 避免盛夏直射的阳光。

雾棲 ▷

Mammillaria hahniana ssp.

别名：雾棲丸

Close-up

尺寸：直径8cm

特征 ▷ 花是深粉色的，像覆盖着一层绵毛，早春~春季开花。

杜威丸 ▷

Mammillaria duwei

尺寸：直径4cm

特征 ▷ 带有白色柔软的刺，开奶油色的花。

艾如萨姆 ▷

Mammillaria bucareliensis 'Erusamu'

尺寸：直径9cm

特征 ▷ 虽然没有刺，但是长有很多白色的绵毛。花为小型粉色花。

松霞 ▷

Mammillaria prolifera

尺寸：直径2cm

特征 ▷ 茂盛的子株群生。刺的颜色会发生变化,白色的叫"松霞",金色的叫"金松玉"。经常结出红色果实。

金手球石化

Mammillaria
elongate 'Cristata'

特征 通常为柱状，石化的一类生长点发生变化，柱子弯曲，形成独特的形状。

黄金司

Mammillaria elongata

别名:黄金丸

尺寸:茎部的直径
2~2.5cm

特征 伸长为圆筒形,子株群生。

白鸟帽子

Opuntia microdasys var. albispina

别名:象牙扇、白桃扇

特征 属于小型的团扇仙人掌的一种,亮绿色的茎上长有白色的刺。

便条 放在避免阳光直射的半遮阴处,好好保护像软毛一样的刺。

新天地锦

Gymnocalycium saglionis

尺寸:高度30~40cm

特征 属于新天地的带斑品种。

便条 盛夏的强光直射下容易烤坏叶片,因此要将其移到半遮阴处。

龙神木

Myrtillocactus
geometrizans

特征 带有棱角的圆柱形的茎进行分枝,长成4cm左右的高度。初夏季节开白花。

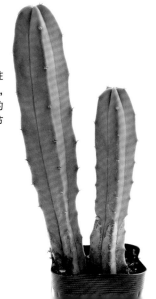

黑丽丸

Rebutia canigueralii(=Sulcorebutia rauschii)

尺寸:直径3cm

特征 植株成熟之后从根部群生出很多子株。花为深红色,在春天开花。

便条 盛夏时放在半遮阴处管理。

景天属

Sedum

夏型

Data

科 名:景天科

别 名:万年草

原产地:北半球的热带~温带

耐暑性　□有　☑普通　□无

耐寒性　☑有　□普通　□无

干 燥　☑强　□普通　□弱

尺寸:藤蔓长度20~30cm

特征 叶片带白粉,长度约2cm,密集生长。枝条下垂。

景天属·玉景天

S. morganianum 别名:玉缀

景天属植物广泛生长于亚洲至北非、欧洲、北美大陆等地区,有一年生和多年生的品种,也有常绿类和落叶类,种类繁多。由于耐寒、耐阴还耐干燥,所以在日本关东以西的地区也能够在室外越冬。养护的关键在于选择光照好的场所管理,并控制好浇水。在欧洲,人们把颜色多彩、形态多姿的景天属植物种植在一起,组成画一样的图案,这被称作挂毯花园,作为欧洲传统庭园设计而延续下来。另外,我们可以把景天属植物进行组盆观赏。

优质养护的诀窍

摆放场所

春秋:摆放在光照好且稍微干燥的场所。

夏:不耐高温多湿的种类需在遮雨、遮光的地方进行管理。

冬:在室内管理时,放置在阳光照射到的地方,时不时旋转花盆,使整棵植株都能接受光照。

浇 水

春秋:盆土干燥之后大量浇水。

夏:不耐高温多湿的种类需在夏季减少浇水,注意防止盆内闷湿。

冬:对于放置在室内的植株,每个月向叶片喷一次水。放置在室外的植株不需浇水。

肥 料

春秋:在生长期内,每一个月施一次速效性液体肥料。

夏冬:不施肥。

病虫害

春夏秋:注意防止过湿状态导致的烂根。

繁 殖

春夏秋:通过插条、分株能够繁殖得较好。适宜换盆的时期为3-5月和9-10月。

虹之玉·"欧若拉"

S. rubrotinctum 'Aurora'

	1月	2月	3月	4月	5月	6月	7月	8月	9月	10月	11月	12月
摆放场所	光照良好的室内		通风良好的向阳处				明亮的遮阴处		向阳处		光照良好的室内	
浇 水	给叶片浇水	逐渐增加	盆土变干之后				逐渐减少		盆土变干之后		给叶片浇水	
肥 料			液肥							液肥		
病虫害				过湿导致的烂根								
繁 殖			分株、插条、叶插						分株			

多肉植物

景天属

Q 只是稍微碰了一下，叶子就扑簌簌地落了，这是为什么?

A 像串珠草这样的类型原本就容易落叶。另外，浇水过多也是导致落叶的原因。景天属植物喜干燥，所以浇水需在盆土完全干燥之后进行，并做好通风，这是很重要的。把掉落的叶片放置在干燥的土壤上会发根。

尺寸：高度2~8cm

特征 虹之玉(▶P202)的斑锦品种。

便条 养护时充分接受光照，叶片会在低温期变成漂亮的红色。通过叶插方式也能够繁殖，但是斑纹容易消失。

春上

S. hirstum ssp. baeticum

Close-up

尺寸：高度5~15cm

特征 叶片上附着黏性细绒毛，摸上去发黏。

便条 生长于高山，耐低温，但不耐受夏季高温多湿的环境，所以夏季养护需遮光，并保持稍微干燥。

小松绿

S. multiceps

尺寸：高度5~10cm

特征 直立生长的类型，有些植株的枝条多处分支，像盆栽一样，具有观赏价值。

便条 生长缓慢。

白雪景天

S. spathulifolium 'Cape Blanco'

别名：花蔓草

尺寸：高度3~8cm

特征 整个叶片被白粉覆盖，形态美丽。

便条 植株虽然健壮，但是不耐高温多湿，所以夏季养护需放置于遮光处，减少浇水。

毛叶蓝景天

S. mocinianum

别名：克什米尔信东尼

Close-up

尺寸：高度5~10cm

特征 虽然叫做"克什米尔信东尼"，但与"信东尼"不是同种类。叶片上附有柔软的绒毛。

便条 不耐高温多湿。

景天属·龙血景天

S. suprium 'Dragon's Blood'

尺寸：高度3~5cm

特征 红叶景天的变叶品种。酒红色叶片很美丽。

便条 叶片在夏季带点绿色，但接受充足的光照之后，秋季变成漂亮的红色。

景天属·苔景天"奥莱姆"

S. acre 'Aureum'

尺寸：高度3~5cm

特征 苔景天的变色品种。

便条 以地毯状簇生，植株中心容易闷湿，注意不要浇水过多。尤其夏天需减少浇水。

景天属·耳坠草

S. rubrotinctum 别名：虹之玉

尺寸：高度5~15cm

特征 茁壮，养护简单。

便条 充分接受光照，叶片会在低温期变成漂亮的红色。也容易通过叶插和插条进行繁殖。

反曲景天园艺品种

S. reflexum
(=S. rupestre) 'Variegatum'

尺寸：高度10~30cm

特征 欧洲原产的反曲景天的变叶品种，白色斑纹在低温期变成粉色。

Q 苔景天"奥莱姆"的中心好像枯萎了，该怎么处理呢？

A 景天属植物不耐高温多湿，因此，若下雨或浇水之后被暴露于高温环境，植株会处于闷湿状态并枯萎。夏季减少浇水，并且在傍晚气温下降之后进行。把枯萎的部分剪短，放置于半遮阴处。土壤干燥四五天之后浇水。

覆轮圆叶景天

S. makinoi 'Albomargiatum'

尺寸：高度3~5cm

特征 日本原产的圆叶景天的变叶品种。

便条 遭受寒气时落叶，但春天会复活。

苔藓球的制作方法

使用景天和拟石莲花的杂交品种静夜玉缀制作苔藓球。

准备物品

种在1号盆中的植物、已调整好酸碱度的中性泥炭土、两根50cm的线、苔藓、喷雾器。

1 用喷雾器对泥炭土喷水，将其润湿，调整为如耳垂的柔软度。

5 在碟中加入碎石子，倒入水，直到淹没碎石子，然后放入苔藓球。碎石子能够使苔藓球立起，促进苔藓的生长。

6 苔藓球完全干燥之后浇水。

2 从盆中拔出植物，用泥炭土包住根土团的部分。

3 在泥炭土包住的部分裹上苔藓，最好轻轻攥一下裹有苔藓的部分。

4 为了固定住苔藓，用线把整个苔藓球缠绕起来。

苔藓球的管理方法

1 用喷雾器对苔藓球喷水，始终保持碎石子浸渍于水中的状态。尽量不要给多肉植物浇水。

2 每个月把苔藓球部分浸泡在水中一次，时长一分钟左右。

千里光属

Senecio

Data

科 名：菊科	
别 名：无	
原产地：多肉植物品种主要原产地为非洲、马达加斯加、加那利诸岛	

	□有	☑普通	□无
耐暑性	□有	☑普通	□无
耐寒性	□有	☑普通	□无
干燥	□强	☑普通	□弱

绿之铃 🌿

S. rowleyanus

特征 蔓生的茎上长着圆珠状的叶。

便条 根系过密会导致植株根部的叶片掉落。去除旧土和根系，换种到新土中。

Close up

千里光属植物形态多姿，有的枝条蔓生，有的根部肥大，还有的茎部丰盈饱满，几乎分布于世界各地。但是，茎叶为多肉状的品种主要原产于非洲南部、马达斯加、加那利诸岛。有的千里光属植物与厚敦菊属（▶P178）相近，生长类型既有冬型种，也有春秋型种。这两个型种都不耐受高温多湿，所以夏季需注意防止闷湿。不过，与其他多肉植物相比，千里光属植物也不耐受极端的干燥，因此，生长期不能缺水。

优质养护的诀窍

摆放场所

春夏秋：摆放在通风和光照俱佳的场所。夏季时将蔓生性植物置于半遮阴处。

冬：摆放在光照好的室内。

浇 水

春秋冬：在生长期内，盆土干燥后大量浇水。

夏：不耐高温多湿，但也不耐受极端的干燥，所以夏季需时常给叶片喷水。

肥 料

冬春：在生长期内，每两个月在盆土上施一次迟效性固体肥料。如果施液肥，则一周一次。

病虫害

春夏秋：注意介壳虫和蚜虫。

繁 殖

春秋冬：在生长期内，通过插条、叶插、分株进行繁殖。

千里光属·银棒菊

S. scaposus　别名:新月

冬型

	1月	2月	3月	4月	5月	6月	7月	8月	9月	10月	11月	12月
摆放场所	光照良好的室内			通风良好的向阳处						向阳处		室内
浇水	盆土变干之后				逐渐减少	叶片喷水(每月一次)			逐渐增加		盆土变干之后	
肥料	堆肥(两个月一次)										堆肥	
病虫害					介壳虫、蚜虫							
繁殖	分株、插条、叶插									分株、插条、叶插		

特征 细长的叶被银色的软毛覆盖，并以莲座状簇生。

Q 绿之铃的叶片变小，颜色也变浅了。

A 如果放置在光照好的环境中，叶片变小，颜色也变成浅绿色，这是绿之铃的一个特性。充分接受光照有益于花芽的生长，因此，在冬季至春季的开花时节能够享受更多乐趣。总之，这不是病害，不必担心。

千里光属·菲考黛丝

S. ficoides　别名:清凉刀

冬型

尺寸:高度10~40cm

特征 叶呈刀形，截面平整，别名清凉刀便由此得来。

千里光属·银锤掌

S. haworthii　别名:银月

冬型

特征 叶色浓绿，被银白色的软毛覆盖。

一年进行一次分株繁殖或者换一次盆。

绿之铃锦

春秋型

S. rowleyanus 'Variegatus'
(=Kleinia rowleyana 'Variegata')

特征 有时也被划分为仙人笔属，是绿之铃的带斑锦品种。气温下降时，斑纹呈现粉色。

七宝树锦

春秋型

S. articulatus 'Candlelight'
(=Kleinia articulata 'Candlelight')

特征 有时也被划分为仙人笔属，是七宝树的变叶品种，叶片上有奶油色的斑纹。

205

长生草属

春秋型

Sempervivum

Data

科 名	景天科
别 名	观音莲
原产地	摩洛哥、西亚、巴尔干半岛、俄罗斯西北部~中部、欧洲

耐暑性	☐有	☑普通	☐无		
耐寒性	☑有	☐普通	☐无		
干 燥	☑强	☐普通	☐弱		

卷绢

S. arachnoideum

尺寸：高度3~8cm，莲座直径5~15cm

特征 整个莲座缠绕有白丝，非常美丽。长出子株即可繁殖。不耐高温多湿。

长生草属是多年生草本植物，生长于高原或山地的岩石地带、岩壁之间，耐寒且茁壮。长生草属自古以来在欧洲广受欢迎，除了野生品种之外，人们还培育出诸多杂交品种和园艺品种。它们呈别致的莲座状，叶色从深绿色到红色、紫色等，色彩丰富。从莲座的中央长出花径，开出花，但花开之后，植株便枯萎。根部会簇生许多子株。长生草属为春秋型种，不耐高温多湿，所以夏季需在避雨遮光的场所进行管理。

优质养护的诀窍

摆放场所

春秋冬：摆放在室外光照好的场所进行管理。充分接受光照，叶片会在秋季变为漂亮的红色。
夏：盛夏放置在通风良好的半遮阴处，防止淋雨。

浇 水

春秋：盆土干燥后大量浇水。
夏：从梅雨季开始减少浇水，夏季不浇水。养护时防止闷湿状态。
冬：可以在室外养护，也可以淋雨。在室内养护时，大致每个月给叶片喷一次水。

肥 料

春秋：每两个月在盆土上施一次迟效性固体肥料。如果是速效性液体肥料，则每周施用一次。

病虫害

春夏秋：注意介壳虫、蚜虫、根粉蚧。

繁 殖

春秋：在生长期通过分株、插条进行繁殖，也可以换盆。

百惠
S.'Oddity'

	1月	2月	3月	4月	5月	6月	7月	8月	9月	10月	11月	12月
摆放场所	光照好的地方						通风良好的半遮阴处		光照好的地方			
浇 水	给叶片浇水	逐渐增加	盆土变干之后			逐渐减少并且夏季断水			盆土变干之后			给叶片浇水
肥 料		堆肥(两个月一次)							堆肥(两个月一次)			
病虫害			介壳虫、蚜虫、根粉蚧									
繁 殖			分株、插条						分株、插条			

多肉植物

长生草属

Close-up

尺寸:莲座直径5~15cm

特征 圆柱状的叶端发黑并凹陷,形态独特。养护简单。

Q 在养"卷绢",但它没有长出漂亮的白毛,该如何处理呢?

A 卷绢的莲座上覆盖有漂亮的白丝,这样的形态是它的魅力所在。从5月末到梅雨之前,保持稍微干燥的状态进行管理,这样比较容易长出白丝。高温多湿的夏季要避免从叶片上方浇水,因为这会导致闷湿的状态。

绫樱
S. tectorum var. calcareum

尺寸:莲座直径4~6cm

特征 苔藓绿的叶尖呈茶色,形态可爱。经常生出子株。

便条 用手拔除枯萎的下叶,注意闷湿。

长生草属·"黑王子"
S.'Black Prince'

特征 叶片呈深红色至茶褐色,并以莲座状生长。

长生草属·"施华洛世奇美人"
S. 'Swarovski's Beauty'

特征 叶缘附有软毛。子株簇生。

便条 用手拔除枯萎的下叶,注意防止闷湿。

长生草属·"格兰比"
S. 'Granby'

特征 叶片呈漂亮的酒红色。

便条 经常生出子株,因此,当盆中长满子株之后,需进行分株繁殖。

207

雀舌兰属

Dyckia

夏型

Data

科 名:	凤梨科(Bromelia)
别 名:	无
原产地:	南美洲热带~亚热带

耐暑性	□有	☑普通	□无
耐寒性	□有	☑普通	□无
干 燥	☑强	□普通	□弱

雀舌兰属·银白硬叶凤梨

D. marnier-lapostollei

尺寸:高度5~10cm,莲座直径10~30cm

特征 叶片大幅度向外侧弯曲,表面附有银色软毛。

这是生长于热带至亚热带草原的植物,以莲座状生长的叶片呈三角形,质硬且厚,叶缘为刺状,呈现一种尖锐的感觉。耐干燥,在强光照射的地方也能够健康生长。相反,如果光照不足,会导致叶片带白粉的品种不再有白粉,只有绿叶徒长的不良状况。原本没有白粉的种类稍微淋雨也可以,但莲座的中心有积水容易导致腐烂,所以在梅雨季或长期下雨的时期,要防止植株被雨淋。

优质养护的诀窍

摆放场所

从室内向室外移动时,花7~10天逐渐延长植株接受光照的时间,一点点向外移动。

春夏秋:在光照好的地方使植株充分接受光照。在梅雨季或长期下雨的时期,将植物放置于屋檐下,以防止淋雨。

冬:在光照好的室内管理。

浇 水

春夏秋:盆土干燥后大量浇水,直到水从盆底流出。莲座中心积存的水会导致叶片腐烂,如果已经有积水,那就把盆倒过来,把水倒掉。

冬:保持稍微干燥的状态,每个月给叶片喷一两次水。

肥 料

春夏:每两个月在盆土上施一次迟效性固体肥料。如果是速效性液体肥料,则每周施用一次。

病虫害

春夏秋:注意介壳虫。

繁 殖

春夏秋:通过分株或实生(播种)进行繁殖。换盆在生长期进行。

短叶雀舌兰·"月光"

D. brevifolia 'Moon Glow'

别名：日光

	1月	2月	3月	4月	5月	6月	7月	8月	9月	10月	11月	12月
摆放场所	光照良好的室内			通风良好的向阳处							日照场所	
浇水	保持稍微干燥			逐渐增加	盆土变干之后				逐渐减少		保持稍微干燥	
肥料				堆肥(两个月一次)								
病虫害						介壳虫						
繁殖				分株、实生								

尺寸：高度5~10cm，莲座直径8~15cm

特征 绿叶上有黄色斑纹。

分株的方法

1 把已长出子株的植株从盆中拔出，抖落旧土。从根部去掉枯萎的下叶。

2 用清洁的刀片切割子株的根部，使其从母株分离。

3 把母株、子株分别种到新的多肉植物用土中。种好之后，大量浇水，放置在光照好的地方管理。

福德雀舌兰系的杂交品种

D. fosteriana hyb.

尺寸：莲座直径30cm

特征 呈细长三角形的叶片的边缘排列着尖锐的白刺。

迈克尔·安德烈亚斯

D.'Michael Andreas'

特征 叶片发红，形态美丽。叶缘生长着白色的小刺。

雀舌兰属·长果凤梨

D. choristaminea

尺寸：高度5~7cm,莲座直径7~15cm

特征 耐寒暑，子株经常簇生而出。

春秋型

十二卷属

Haworthia

Data

科　名:芦荟科	
别　名:无	
原产地:非洲南部	

耐暑性	☑有	□普通	□无
耐寒性	□有	□普通	☑无
干　燥	☑强	□普通	□弱

十二卷

十二卷属植物生长于非洲南部干燥的高原上,分为硬叶类和软叶类。其中,"十二卷"叶片较硬,以莲座状生长,为硬叶类;"紫玉露"等叶片较软,具有透明感,层叠生长,为软叶类。有的品种叶尖具有半透明的部分,被称作"窗",它的色彩和纹路充满魅力。软叶类的十二卷属植物生长于灌木丛等遮阴处,不需要强烈的光照,因此能够在室内光线较弱的地方养护。地下有粗而长的主根,所以需选择较深的栽培用盆。

优质养护的诀窍

摆放场所

春夏秋:放置在通风良好的遮阴处管理,注意避免夏季阳光直射。
冬:在明亮的室内,放置在空调风吹不到的地方。

浇　水

春秋:盆土表面干燥之后大量浇水。
夏冬:处于休眠期,潮湿的盆土容易导致烂根,需减少浇水。如果在既有冷气也有暖气的室内养护,植株全年都会生长,这种情况下,根据土壤的干燥状态来浇水。

肥　料

春秋:春季和秋季各施一次肥,少量施用迟效性固体肥料或速效性液体肥料。
夏冬:不施肥。

病虫害

春夏秋:注意介壳虫、蚜虫、根粉蚧、尖眼蕈蚊。尖眼蕈蚊的成虫会飞到腐叶土这种有机物较多且潮湿的土中产卵,所以一旦发现幼虫,立即捕杀。

繁　殖

春秋:通过分株、叶插进行繁殖。在摘取叶插用的叶片时,注意不要折断根部。

	1月	2月	3月	4月	5月	6月	7月	8月	9月	10月	11月	12月
摆放场所	室内明亮的遮阴处				明亮通风的遮阴处					室内明亮的遮阴处		
浇 水	保持稍微干燥		盆土变干之后				保持稍微干燥		盆土变干之后		保持稍微干燥	
肥 料			少量						少量			
病虫害			介壳虫、蚜虫、根粉蚧、尖眼蕈蚊									
繁 殖			分株、叶插						分株、叶插			

多肉植物 十二卷属

紫玉露
H. cooperi var. pilifera cv.

尺寸：高度3～10cm，植株直径5～15cm
特征 叶片在顶端生有透明的"窗"，并层叠为山形。

Q 请教根插繁殖的方法。

A 从母株取下根系的一部分并将其插入土中，能够发出新叶。"万象""玉扇"等根系较粗的品种能够利用这种方法繁殖。从根系较多的植株上取下较粗的根系，以根系的基部露出土面的方式种植，如此便会发出新芽。母株如果换盆种植，还会重新长出根系。

龙鳞
H. tessellata

通过分株繁殖！

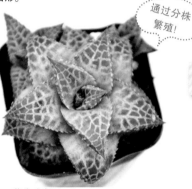

尺寸：高度3～5cm，莲座直径5～8cm
特征 叶表面的"窗"形成龙鳞般的纹路。植株成熟之后，长出地下茎，并生成子株。
便条 难以通过叶插的方式发根。

十二卷属·白银寿
H. emelyae var. comptoniana

Close-up

尺寸：高度3～5cm，
莲座直径8～15cm
特征 暗绿色的叶片上浮现着细腻的"窗"样纹路。

玉扇
H. truncata

尺寸：高度3～8cm，
植株宽度5～10cm
特征 在野外自然生长时，玉扇只露出叶片上部"窗"的部分，其他部分埋入土中。
便条 也能够通过根插的方式繁殖。

十二卷
H. attenuata

尺寸：高度5～10cm，莲座直径5～10cm
特征 叶片外侧生有横向的白色纹路。图片中植物被称作"宽条（wide band）"，是横纹较粗的品种。

剑龙角属

Huernia

夏型

Data

科 名：	夹竹桃科
别 名：	无
原产地：	非洲南部~东部、阿拉伯半岛南部

耐暑性	□有	☑普通	□无
耐寒性	□有	□普通	☑无
干 燥	☑强	□普通	□弱

Flower

沃卡提

H. volkartii

特征 生长于海拔1000米左右的低山脊处。茎以五棱柱状簇生，在低温期从绿色变成红褐色。

剑龙角属植物的茎像凹凸不平的火棍，并且簇聚生长，花朵呈海星一样的星形。植株形态多姿，有的以柱状向上生长，有的像草坪一样横向匍匐生长。茎上生有肥厚的刺，独具特色。花主要开在秋季，喇叭状的花瓣上有条纹或斑点，或者有许多粗糙的颗粒，形态独特。剑龙角属与近缘的豹皮花属和大犀角都很受欢迎。植株健壮，生长旺盛，但在盆中长满会导致根系堵塞，或者不再开花，所以需每年换一次盆。

优质养护的诀窍

摆放场所

春秋：放置在室外通风良好且光照好的地方。

夏：最好放置在明亮通风的场所，但要避免阳光直射。

冬：气温在7℃以下时，移动到室内，在明亮的场所进行养护。

浇 水

春夏秋：在晚春至早秋期间，盆土干燥后大量浇水。

冬：从秋季开始减少浇水，气温低于7℃时开始断水。

肥 料

春夏：每两个月在盆土上施一次迟效性固体废料。如果是速效性液体肥料，则每周施用一次。

秋冬：不施肥。

病虫害

春夏秋：容易产生介壳虫、根粉蚧。

繁 殖

春夏：在春季至早春时节，通过分株、插条、实生(播种)进行繁殖。

阿修罗

H. pillansii

	1月	2月	3月	4月	5月	6月	7月	8月	9月	10月	11月	12月
摆放场所	光照良好的室内			向阳处		通风良好的半遮阴处			向阳处		阳光照射的室内	
浇 水	断水			逐渐增加		盆土变干之后			逐渐减少		断水	
肥 料					堆肥（两个月一次）							
病虫害			介壳虫、根粉蚧									
繁 殖				分株、插条、实生								

特征 茎分支较多，向外生长，并且有短而软的肉刺密集生长在茎上。花直径为4.5cm，有许多红色凸起。阿修罗在剑龙角属植物中是比较耐寒的品种。

Flower

Q "阿修罗"生长旺盛，长满了一盆，但没有开花。这是为什么？

A 生长旺盛却没有开花的原因应该是根系堵塞。在盆中养护的情况下，每年5~7月进行换盆，这样能够开花。与此同时，可以进行分株繁殖。土壤请使用鹿沼土等排水和保水俱佳的种类。

多肉植物

剑龙角属

剑龙角属·斑马萝摩

H. zebrina 别名：斑马、赤鬼角

Flower

剑龙角属·龙钟阁

H. keniensis

冬季能够耐受5℃低温。

Flower

特征 原产于肯尼亚、坦桑尼亚的稀有品种，生长于海拔1500~2000m的干燥的森林中。茎向上倾斜生长，开红褐色的花。

特征 生长于干燥的灌木林中，颜色浓绿，四棱柱状般的茎分支较多并向外生长。

便条 接受充足的光照，叶片会在低温期泛红。

波点剑龙角

H. occulta

Flower

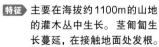

特征 主要在海拔约1100m的山地的灌木丛中生长。茎匍匐生长蔓延，在接触地面处发根。

夏型

Data

科　名	大戟科
别　名	无
原产地	多肉植物原产于非洲、马达加斯加、阿拉伯半岛、加那利诸岛、美洲大陆

耐暑性	□有	□普通	☑无
耐寒性	□有	□普通	☑无
干　燥	☑强	□普通	□弱

大戟属

Euphorbia

大戟属·京乐麒麟

优质养护的诀窍

摆放场所

春夏秋：放置在通风和光照俱佳的场所。
冬：气温为15℃以下时，移动到室内，在光照好的地方进行养护。

浇　水

春夏秋：开始发出新芽之后，逐渐增加浇水，在生长期内，盆土干燥后大量浇水。

肥　料

春夏秋：每两个月在盆土上施一次迟效性固体肥料。如果是速效性液体肥料，则每周施用一次。
冬：不施肥。

病虫害

春夏秋：注意介壳虫、蚜虫和附着在根系的根粉蚧。

繁　殖

春夏秋：通过插条、分株、实生(播种)进行繁殖。换盆在生长期进行。

大戟属分布于世界各地，形态丰富，特性各异。作为多肉植物，它的外形除了有像仙人掌一样的柱状，还有球状、灌木状、块根状（▶P190）、枝伸展为章鱼脚的形状。

由于大戟属是夏型种，所以耐暑，生长旺盛。许多种类雌雄异株，在留种时，雌株和雄株都需要。从茎和叶流出的白色乳液有毒性，如果进入眼睛会引起炎症，在沾到乳液时用皂或医用酒精冲洗。

大戟属·蜡大戟

E. antisyphylitica

	1月	2月	3月	4月	5月	6月	7月	8月	9月	10月	11月	12月
摆放场所	光照良好的室内			向阳处	通风良好的向阳处						室内	
浇 水	断水			逐渐增加	盆土变干之后					逐渐减少	断水	
肥 料					堆肥（两个月一次）							
病虫害						介壳虫、蚜虫、根粉蚧						
繁 殖					分株、插条、实生							

Q 带刺的大戟属植物像仙人掌，该如何进行区分？

A 仙人掌（▶P196）的特征在于具有刺座（areole），刺的根部长有绒毛。根据有无刺座，可以分辨出仙人掌和其他多肉植物。带刺的柱状大戟属看起来像仙人掌，但通过没有刺座这一点就能够区分开来。

特征 这是生长于石灰岩质土地的一种植物，叶特别小，而且很快掉落。图片为已经落叶的状态。

便条 难以插条繁殖，而是通过分株或播种进行繁殖。

大戟属·费氏大戟

E. francoisii

特征 生长于近海岸沙丘的灌木林中，叶色和纹路有个体差异，多姿多彩。

便条 喜明亮的遮阴处。

大戟属·红杆大戟

E. bongolavensis

特征 枝头的叶片呈莲座状生长，叶根颜色红艳，十分美丽。

大戟属·京乐麒麟

E. tuberculata

尺寸：高度10~15cm

特征 以章鱼脚状扩展生长。

便条 控制浇水量，整体形态会比较紧凑美观。

大戟属·卜巴丽娜

E. bubalina

别名：昭和麒麟

尺寸：高度80cm左右

特征 茎长成较粗的棍棒状，植株未成熟时为绿色，伴随着生长而木质化。

215

養护难度 🍃🍃🍃 难

生石花属

Lithops

Data

科　名	番杏科
别　名	石头花
原产地	非洲南部、纳米比亚

耐暑性	□有	□普通	☑无
耐寒性	□有	☑普通	□无
干　燥	☑强	□普通	□弱

朱弦玉

L. karasmontata var. lericheana

尺寸：叶高度2~3cm

特征 灰褐色叶的上部变为漂亮的红色。

生石花属与肉锥花属（▶P194）相近，是冬型种的石头花类植物之一。在极端少雨的地区扎根于岩石裂缝或砂砾之间生长，叶片上部的颜色和纹样各异。生石花属"脱皮"的特质是众所周知的，中间有裂缝的一对叶枯萎之后，从中间长出新叶，不久，枯萎的老皮剥落。花看上去也是从叶之间开出的，但实际上，在叶下有短茎，新叶和花从短茎长出。花柄会在叶上留下痕迹，所以要尽早摘掉。

优质养护的诀窍

摆放场所

春夏秋：喜光照，所以放置在通风良好的向阳处。夏季在通风的遮阴处并且遮雨的场所养护。

冬：在光照好的室内，放置在最低能保持8℃以上的地方。

浇　水

夏：处于休眠期，所以每月给叶片喷水一两次，保持稍微干燥。

秋冬春：最低气温到20℃以下时开始浇水，冬季在盆土干燥后大量浇水，直到水从盆底流出。

肥　料

秋冬：每两个月在盆土上施一次迟效性固体肥料。如果是速效性液体肥料，则每周施用一次。

春夏：不施肥。

病虫害

春夏秋：注意介壳虫、蚜虫、根粉蚧。花有时受到蛞蝓的危害，叶遭受夜盗虫（叶盗蛾的幼虫）的危害。发现之后立即捕杀。

繁　殖

冬：通过分株、实生（播种）进行繁殖。适宜播种繁殖和换盆的时期为10-11月。

红大内玉

L. optica 'Rubra'

尺寸：叶高3~4cm

特征 这是大内玉的变种，叶变为红色。大内玉呈发灰的绿色。生石花的叶色容易被混淆为生长地区周围的岩石的颜色。

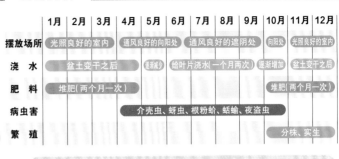

	1月	2月	3月	4月	5月	6月	7月	8月	9月	10月	11月	12月
摆放场所	光照良好的室内			通风良好的向阳处			通风良好的遮阴处			向阳处	光照良好的室内	
浇水	盆土变干之后			逐渐减少		给叶片浇水（一个月两次）			逐渐增加	盆土变干之后		
肥料	堆肥（两个月一次）										堆肥（两个月一次）	
病虫害			介壳虫、蚜虫、根粉蚧、蛞蝓、夜盗虫									
繁殖										分株、实生		

多肉植物

生石花属

Q 生石花叶片侧面裂开了，是生病了吗?

A 原因应该是浇水过多导致过湿。虽然无法恢复原来的状态，但能够继续生长，所以暂时减少浇水吧。老叶不久会枯萎破裂，所以不必担心。

日轮玉

L. aucampiae

尺寸：叶高2cm

特征 叶顶部几乎是平坦的，窗的颜色从发黑的橄榄绿色到红褐色，变化丰富。随着开花期临近，叶的豁口变大。

红窗玉

L. karasmontata 'Top Red'

尺寸：叶高1~5cm

特征 虽然与"朱唇玉"相同，但它是叶顶网眼纹样清晰可见的一类。

曲玉

L. pseudotruncatella ssp. volkii

尺寸：叶高4cm

特征 叶顶部呈现深色的大理石纹样。生长旺盛。脱皮之后摘掉枯萎的叶，能够欣赏到美丽的形态。

白花黄紫勋

L. lesliei 'Albinica'

尺寸：叶高3~4cm

特征 铁锈色的叶上有绿色的窗，十分美丽。

仙人棒属

春秋型

Rhipsalis

Data

科 名	仙人掌科
别 名	丝苇属
原产地	北美洲至南美洲的热带

耐暑性	□有	☑普通	□无
耐寒性	□有	☑普通	□无
干 燥	☑强	□普通	□弱

优质养护的诀窍

摆放场所

春夏秋：虽然也比较耐受日阴，但为了植株健康，最好放置在光照好的地方。盛夏避开阳光直射，在半遮阴处养护。

冬：放进室内，在温度能保证5℃以上的明亮的向阳处进行管理。

浇 水

春秋：在生长期的春季和秋季，盆土干燥后大量浇水，直到水从盆底流出。

夏：每月给叶片喷一两次水，防止变得过于干燥。

冬：停止浇水，保持稍微干燥的状态。

肥 料

春秋：每两个月在盆土上施一次迟效性固体肥料。

夏：不施肥。

病虫害

春夏秋：注意介壳虫。

繁 殖

春夏：通过插条、分株、实生（播种）进行繁殖。在生长期进行换盆。

仙人棒属·巴丝柳

R. baccifera (=R. cassutha) 别 名：丝苇

尺寸：茎长40~50cm

特征 茎长长地下垂，花开在茎的侧面。

便条 不喜直射阳光，所以需在阳光透过蕾丝窗帘照射到的地方养护。

Close-UP

仙人棒属是森林性仙人掌的一种，附生在热带雨林的树木或岩石上，分枝较多，会长出气根。圆柱状、棱柱状或扁平状的茎上有小小的刺座（areole），根据种类的不同而附生软毛或硬毛。喜光照和适当湿度，所以在休眠期的夏季也需给叶片喷水。花开在刺座上，所以看起来像是在茎顶端或边缘开放的。茎长长之后，植株整体呈下垂姿态。由于是森林性的仙人掌，所以也比较耐受日阴，能够在室内观赏。

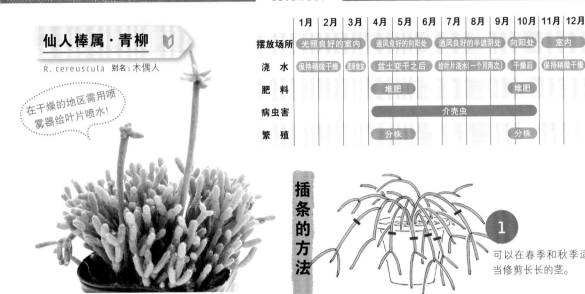

仙人棒属·青柳

R. cereuscula　别名：木偶人

> 在干燥的地区需用喷雾器给叶片喷水！

	1月	2月	3月	4月	5月	6月	7月	8月	9月	10月	11月	12月
摆放场所	光照良好的室内			通风良好的向阳处			通风良好的半遮阴处			向阳处	室内	
浇　水	保持稍微干燥		逐渐增加	盆土变干之后			给叶片浇水(一个月两次)			干燥后	保持稍微干燥	
肥　料				堆肥					堆肥			
病虫害							介壳虫					
繁　殖				分株						分株		

尺寸：高度10~30cm

特征 幼茎向上生长，但成熟之后的茎会下垂。花开在枝头。

插条的方法

1 可以在春季和秋季适当修剪长长的茎。

仙人棒属·赤苇

R. pilocarpa

特征 圆柱状的茎上长有短毛，颜色从绿色变为紫色。分枝较多，顶部开出2cm左右的花。开花之后会结酒红色的小果实。

2 把修剪下来的茎剪成约5~10cm的小段，放置一周左右，保持切口干燥，然后插入市售的河砂等清洁的土中。4~5天后浇水。

3 一个月左右发根，然后换种到仙人掌用土中。

仙人棒属·麦瑟卜昂

R. mesembryanthemoides

别名：千代松

尺寸：茎长20~40cm

特征 短枝包围着茎而生长。经常长出气根。

拉姆罗萨

Pseudorhipsalis ramulosa

别名：梅枝

特征 与仙人棒种类相近，是伪丝苇属植物。像叶一样扁平的茎缘有刺座，刺座上开出白色的花之后，结出像小颗珍珠一样的果实。

索引

主编简介

尾崎章

毕业于东京农业大学农学部，之后在植物园从事温室植物栽培管理的相关工作。1990年创立EXOTIC PLANTS公司。除了进行热带与亚热带植物的生产销售工作之外，还在都内植物园担任温室的管理者。著作诸多，如《NHK趣味园艺 新版·园艺解惑 观叶植物》(NHK出版)《室内绿植 观叶植物的选择方法和养护方法》(西东社)等。在本书中负责主编观叶植物的部分。

长田研

在美国弗吉尼亚大学进修生物与生物化学之后，创立了Cactus Osada公司，经营以多肉植物和仙人掌为主的园艺植物生产批发与进出口贸易。著作有《NHK趣味园艺 12个月栽培教学 多肉植物》(NHK出版)《特征一目了然 有趣的多肉植物350》(家之光协会) 等。在本书中负责主编多肉植物的部分。

●组盆制作 ———— 金泽启子
　　　多肉植物专营工作室"Atelier daisy&bee"的经营者，专业绿植顾问。开办了多肉植物组盆教室，也亲自到店及入户进行植栽施工。每周三开放工作室作为花园供人参观。博客"daisy&bee的园艺"网址为http://daisy8.exblog.jp/

●设　　计 ———— sakana studio（角 知洋）
●摄　　影 ———— 牛尾幹太（Kanta OFFICE）
●摄影协助 ———— 尾崎 忠、エクゾティックプランツ、カクタス長田、Atelier daisy & bee、
　　　　　　　　オザキフラワーパーク、Binowee
●照片提供 ———— iStock/Getty Images
●插　　图 ———— 江口あけみ
●执笔协助 ———— 中居惠子
●编辑协助 ———— ブライズヘッド（倉本由美）

图书在版编目(CIP)数据

观叶多肉好好玩 ：人气绿植新手养护指南 ／（日）尾崎章，（日）长田研主编 ；苏沛沛译
－武汉：华中科技大学出版社，2020.1
ISBN 978－7－5680－5900－8

Ⅰ.①观… Ⅱ．①尾… ②长… ③苏… Ⅲ．①园林植物－观赏园艺－指南②多浆植物－
观赏园艺－指南 Ⅳ.①S682.3－62

中国版本图书馆CIP数据核字(2019)第279457号

KETTEIBAN HAJIMETE NO KANYO SHOKUBUTSU·TANIKU SHOKUBUTSU
ERABIKATA TO SODATEKATA
supervised by Akira Ozaki, Ken Osada
Copyright © 2016 Akira Ozaki, Ken Osada
All rights reserved.
Original Japanese edition published by SEITO-SHA Co., Ltd., Tokyo.
This Simplified Chinese language edition is published by arrangement with
SEITO-SHA Co., Ltd., Tokyo in care of Tuttle-Mori Agency, Inc., Tokyo

简体中文版由株式会社西东社授权华中科技大学出版社有限责任公司在中华人民共和国境内
（不包括香港、澳门和台湾地区）出版、发行。
湖北省版权局著作权合同登记号 图字：17-2019-268 号

观叶多肉好好玩：人气绿植新手养护指南
Guanye Duorou Haohaowan: Renqi Lüzhi Xinshou Yanghu Zhinan

[日] 尾崎章
[日] 长田研　主编
苏沛沛　译

出版发行：华中科技大学出版社（中国·武汉）　　　　电话：(027) 81321913
　　　　　武汉市东湖新技术开发区华工科技园　　　　邮编：430223
出 版 人：阮海洪

策划编辑：舒冰洁　　　　　　　　　　　　　　　　责任监印：朱 玢
责任校对：李 弋　　　　　　　　　　　　　　　　美术编辑：张 靖

印　　刷：武汉市金港彩印有限公司
开　　本：889 mm×1194 mm　　1/16
印　　张：14.25
字　　数：284千字
版　　次：2020年1月第1版第1次印刷
定　　价：79.80元